苏皖赣地区地壳速度结构

李红星　陈　昊　洪德全　著
陶春辉　刘　财

科　学　出　版　社

北　京

内 容 简 介

本书利用地震观测资料，采用地震层析成像及接收函数理论，对苏皖赣地区地壳地震波速度结构进行了成像研究。全书共 6 章，分别对苏皖赣地区的地质构造特征、地震层析成像方法、接收函数基本理论、江西地区上地壳速度结构、苏皖地区地壳厚度及深部特征、安徽地区上地壳波速分布与构造特征进行了阐述。本书大部分内容是作者团队近年来的工作和研究成果，同时也参考了一些其他文献中的相关内容。

本书可供从事地球物理学、地质学等学习和工作的大专院校师生和科研人员参考。

图书在版编目（CIP）数据

苏皖赣地区地壳速度结构／李红星等著 . —北京：科学出版社，2018.8
ISBN 978-7-03-058413-7

Ⅰ.①苏…　Ⅱ.①李…　Ⅲ.①地震波速度–应用–地壳构造–研究–华东地区
Ⅳ.①P548.25

中国版本图书馆 CIP 数据核字（2018）第 171237 号

责任编辑：张井飞　姜德君／责任校对：郭瑞芝
责任印制：张　伟／封面设计：耕者设计工作室

科 学 出 版 社　出版
北京东黄城根北街 16 号
邮政编码：100717
http://www.sciencep.com

北京建宏印刷有限公司 印刷
科学出版社发行　各地新华书店经销

＊

2018 年 8 月第 一 版　开本：720×1000　B5
2018 年 8 月第一次印刷　印张：5 3/4
字数：111 000

定价：**78.00 元**
（如有印装质量问题，我社负责调换）

前　言

苏皖地区属于我国中东部，也属于"大华北南部"。苏皖及邻区在大地构造位置上横跨中朝断块区、扬子断块区和昆祁秦断褶系三大一级构造单元，且由于外部受太平洋板块、印度板块和欧亚板块的联合作用，区域地质构造十分复杂。苏皖地区的不同区域，地质地貌呈现出迥异的自然现象，这里既有平原丘陵，又有山峦高地，既有河流湖泊，又有沟壑盆地，集合了多种地质地貌，是我国地学研究的重点地区之一。从资源储藏情况来看，苏皖地区拥有重要的油气矿藏资源，且都具有较高的开发价值和潜力。

江西地处长江中下游，横跨扬子板块和华夏板块，境内萍乡-广丰断裂将其分为两部分，北部属扬子板块，南部属华夏板块。北部区域位于下扬子板块与华夏板块交接缝合地带，拗陷带和断裂带发育；而华夏板块在漫长的地质演化中经历了多次的板块拼接、拉伸断裂，并伴随着多次较强的构造-岩浆事件的演化，形成了华夏板块复杂的地质构造。多次强烈的区域地质活动使江西地区地质构造复杂，也使其成为我国大量多金属、稀有金属的矿产基地之一。因此包括江西在内的华南地区的地球动力学特征一直吸引国内外地质研究者的兴趣并受到关注。

本书主要通过接收函数 $H-\kappa$ 方法和 Pg 波二维层析成像技术对苏皖与江西地区地下构造情况展开研究和讨论。基于安徽、江苏两省超过 30 个台站的宽频带地震台站所积累的 2012～2014 年 P 波波形资料，完成苏皖地区地下莫霍（Moho）面深度、波速比及泊松比的计算。通过积累的 1976～2014 年安徽及邻区台站接收到的 Pg 波走时数据，借助 Pg 波二维层析成像技术对安徽地区上地壳进行了较高分辨率的成像。利用江西地区 2008～2012 年来的地震震相资料，主要是体波中的纵波（Pg 波）资料，结合江西地区已有的地质资料建立初始模型进行反演研究，获得了江西地区不同深度的速度结构图和经纬度方向上的速度结构剖面。

从研究的结果来看，苏皖地区 Moho 面深度普遍在 32～38km，较深的区域出现了近 40km 的情况，沿海地区的地壳厚度减薄至 30km 以下，郯庐断裂带中南段两侧的 Moho 面深度具有分段性特征。波速比变化幅值较大，范围在 1.6～

1.8，泊松比范围在 0.19 ~ 0.29，结合相关地球动力学和地质学特征，认为扬子板块作为主动板块向华北板块内部挤压，使华北板块仍然处于较强的应力背景之下。苏鲁造山带山根的逐渐消失与本书所得的 Moho 面深度情况基本吻合，可能是地下软流圈不断上涌形成的软流圈蘑菇云构造引起。安徽中部地区 Pg 波速度约为 6.50km/s，其横向速度为 -0.44 ~ 0.48km/s，研究区域的速度分布情况与地表地貌对应关系较强，同时差异的速度异常分布情况还反映出华北板块、扬子板块与大别山造山带之间的耦合关系，并且通过成像结果证实，大别山高压、超高压变质带下方不存在大规模的高速体。此外，"霍山窗"等几个地震高发区均位于速度异常区的边界地带，再次说明，地下速度的转换带也是构造上的不稳定带，易发生应力的转换和能量集聚，造成该地区小震频发或引发中强地震。江西上地壳速度结构具体如下：在江西及邻区地表层 0 ~ 4km，速度基本为 5.0 ~ 5.4km/s，4km 以上各层速度为 5500 ~ 6400km/s，其中有三个大块有速度低值：①广丰–萍乡断裂中部区域，有全江西最低速度，速度约为 5500km/s；②九江至修水一带造山带具有低速特征，且呈条状，速度约为 5700km/s；③赣南地区赣州至寻乌一带，也有低速特征，范围较大，速度约为 5700km/s。高速区主要处于鄱阳湖至南昌盆地区域，速度约为 6400km/s，江西中部和南部分散存在速度较高地区。

全书共 6 章，分别对苏皖赣地区地质构造特征、地震层析成像方法、接收函数基本理论、江西地区上地壳速度结构、苏皖地区地壳厚度及深部特征、安徽地区上地壳波速分布与构造特征进行了阐述。第 1 章主要由李红星、陶春辉、刘财执笔，第 2 章主要由李红星、陈昊、毛勇执笔，第 3 章主要由陈昊、李红星执笔，第 4 章主要由李红星、毛勇执笔，第 5 章与第 6 章主要由陈昊、李红星、洪德全执笔。本书得到了国家自然科学基金项目（编号：41764006、41364004）、国家高技术研究发展计划课题（编号：2012AA09A404）、安徽省地震局科研基金青年项目（编号：201610）的大力资助，在此表示感谢。同时，感谢中国地质科学院地质研究所、安徽省地震局、中国地震台网中心等单位的大力支持。

由于作者自身水平有限，书中不足之处在所难免，希望读者指出和赐教。

作 者

2018 年 5 月 1 日

目　　录

第1章　苏皖赣地区地质构造特征

我国地处欧亚板块东南缘，受到来自三个板块（印度板块、太平洋板块、菲律宾板块，且三大板块对欧亚板块的影响作用比例约为2：1：0.8）运动的共同影响（图1.1）。相关研究表明，西太平洋板块和印度板块俯冲欧亚大陆，以及阿拉伯板块和欧亚板块陆陆碰撞长期影响我国板块结构和构造，中国大陆板块西高东低的地貌特征就因此形成，这也使得中国大陆地区岩石圈及软流圈结构具有明显的差异，且 Moho 面的深度也有很大的差距，中国大陆青藏高原东北缘的Moho 面平均深度在 45km 左右（刘启民等，2014），而其东南缘 Moho 面的平均深度则只有 30km 左右（叶卓等，2013）。目前，地质学中习惯将中国大陆划分为 3 个部分，北部为华北板块（中朝板块），南部主要为华南板块（扬子板块和华夏板块），中部为秦岭–大别–苏鲁造山带。另外，由于太平洋俯冲带的东迁，华东地区整体上处于一个拉伸的环境中。尽管菲律宾板块与中国大陆东南缘之间属于转换断层边界，但对中国大陆东南缘的大地构造却起到了一个缓冲过渡的作用。

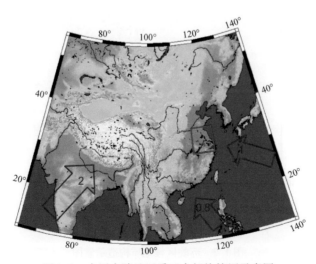

图1.1　中国大陆地区受三大板块挤压示意图

1.1　苏皖地区构造特征

　　苏皖地区属于我国中东部，也属于"大华北南部"，苏皖地区及其邻区在大地构造位置上横跨中朝断块区、扬子断块区和昆祁秦断褶系三大一级构造单元，且由于外部受太平洋板块、印度板块和欧亚板块的联合作用，区域地质构造十分复杂，是我国地震活动较为频发的地区之一，其特点以小震震群为主，历史上也曾发生过多次破坏性地震，经历了中国大陆历史上多次大的构造运动，从而苏皖地区形成了随区域的不同，地质地貌也呈现出迥异的自然现象——这里既有平原丘陵，又有山峦高地，既有河流湖泊，又有沟壑盆地，集合了多种地质地貌，是我国地学研究的重点地区之一（图 1.2）。其中，我国著名的郯庐断裂带斜贯苏皖全境，一方面这条深大走滑型断裂带控制着断裂带两侧的地震地质背景；另一方面郯庐断裂带也是华北板块和扬子板块的交界线，要研究两大板块之间的耦合关系，就必须先了解郯庐断裂带的演化及构造特征。

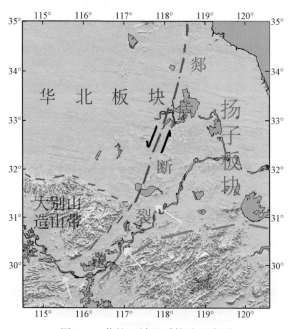

图 1.2　苏皖区域地质构造示意图

　　苏皖地区横跨 3 个一级构造单元，是华北板块、扬子板块及大别山造山带交会的地方，既是应力应变的转换带又是地震波速的过渡带，相关研究同时表明，该地区的地壳厚度处于一个自西向东逐渐减薄的过程，从 40km 左右逐渐递减至 30km，有研究认为从晚中生代起华南块体和华北板块的东部发生了地壳伸展，出现了大规模岩浆活动和岩石圈垮塌事件。

大别山造山带：安徽区域内的大别山造山带属于秦岭–大别–苏鲁造山带的一部分，并将华北板块和扬子板块分隔开，其东侧为郯庐断裂带中南段，宽大的变质核部出露地表，由于存在以榴辉岩为代表的超高压变质带，指示了这里形成时处于超高压环境。大别板块被认为是扬子板块北缘在中新元古代古岛弧的一部分，加里东期，该区域曾是扬子板块北部陆缘在水下发生隆起而形成，并与华北板块南缘的早古生代古岛弧碰撞拼合而成，从而导致了古洋壳消失，完成了南北两大陆块的对接，从此大别山造山带开始进入长期的陆内俯冲时期。在陆内俯冲作用下，大别山造山带受扬子板块、大别板块和华北板块依次叠覆，最终形成了大型山脉。印支期被认为是大别山的主变形期与高压动力变质期；燕山期为其主要的造山期，其基底发生剪切，引起地壳重熔，导致了大范围的热流变质，最终大别地块不断隆升，并伴随向南滑移，从而铸就了现今大别山造山带的构造格局。

合肥盆地：合肥盆地位于安徽省中部，恰好处于华北板块、扬子板块、大别山造山带的交会处，形成与演化发展主要受华北板块和扬子板块相关作用控制，属于我国南北两大板块发生碰撞后，形成的中新生代山前陆相残留沉积盆地，以侏罗系至古近系陆相红色碎屑岩，并夹杂火山岩为主，盆地边缘出露有白垩系陆相碎屑岩系沉积，地壳厚度自南向北、自东向西逐渐变薄，其发育过程主要经历了基地演化、拗陷、断陷及构造反转等重要阶段。

沿江中新生代平原：此构造位于大别山造山带南缘，属于先受挤压，再延伸的叠合盆地。早中生代时期，大别山造山带的形成，造成华南地壳向深处俯冲并受到超高压变质作用，从而促使超高压变质岩大量向上折返，致使沿江拗陷的区域逐渐出现了前陆源盆地的特性，到了晚中生代时期，整个中国东部受到强烈的拉张作用，导致大别山变质带出现大规模折返、上隆，地下变质和逐渐抬升，从而造成原本的拗陷盆地出现断陷。

苏南台褶带：此构造单元西部出露的基岩是中元古代的张八岭群，由区域动力变质而成，主要由白云质灰岩、硅质岩、火山岩及火山碎屑岩组成，演化时间可从新元古代晚期的震旦纪开始，此时以沉积海相碎屑岩与碳酸盐岩为主，三叠纪晚期，印支运动造成震旦系到三叠系的地层卷入，晚侏罗世时期为陆相火山喷发和河湖相沉积环境，此后的燕山运动使得原本的地层遭受挤压，先形成褶皱后出现断褶皱，形成了复背斜、复向斜及逆掩断裂，侏罗纪早中期发生隆裂，同时还伴有中酸性岩浆侵入，此后间断发生缓慢隆起和沉降，形成河流湖泊及山麓。

苏北断拗：此构造单元在白垩纪开始，现今苏北地区地壳受外力拉张断裂，造成许多单边断裂盆地，形成盆岭构造格局。盆地内的主边界断裂，主要呈现出倾角较小的铲状形态。古近纪–新近纪时，原有构造开始转化为整体断拗，并有河湖相碎屑岩覆盖，且靠近郯庐带附近出现基性岩浆喷发，其后基本保持古近纪–新近纪构造面貌，以区域沉降为主。

郯庐断裂带中南段：郯庐断裂带作为斜穿苏皖两省的深大断裂，同时也是华北板块和扬子板块的分界线，对地区构造特征及地质背景产生着深远的影响。其演化发展主要可以分为以下几个时期。①印支期，华南板块和华北板块在古近纪沉积后发生接触，江南古陆隆起，扬子板块北东部处于一个斜坡地带，在重力作用下出现滑动，造成东西向的伸展，盆地开始收缩，出现河湖沉积。当扬子板块沿其东北缘延伸斜向发生与华北板块的碰撞后，就形成了最初的郯庐断裂带雏形。此时主要构造特征为逆冲推覆伴有韧性变形，随着陆陆碰撞的持续作用，剪切应力分量开始加强，呈现了走滑断层性质。②燕山早期：这个时期又主要为走滑时期，基底开始出现左行走滑，断裂带东侧产生拉伸分量，出现大量火山，伴有大规模喷发活动。③早白垩世晚期：开始了剧烈的断裂带左行平移运动，其后走滑断裂体系形成。④燕山晚期：由于出现大规模的伸展，裂谷和地堑开始发育。此时期古太平洋板块斜向俯冲欧亚板块，造成地幔上隆，地壳延伸，沿郯庐断裂带发生大规模正断层作用，地堑式盆地出现，并伴有玄武岩喷溢。⑤喜马拉雅期：这个时期，郯庐断裂带受挤压作用，呈现出逆冲及小规模右行运动。

1.2　江西地区构造特征

江西地区历经元古宙—新生代多个旋回构造运动，地质构造相当复杂。南部以萍乡–广丰古缝合线断裂带作为扬子板块与华夏板块的分界线已为多数地质学者赞同。在此断裂以北的附近区域是属于扬子地块还是属于华南中部中元古代造山带，多位地质学者持不同意见。本书板块划分参照了后者，将江西大地构造划分主要分为扬子板块、华夏板块和华南中部中元古代造山带，以萍乡–广丰断裂和宜丰–景德镇–歙县断裂为界，北边为扬子地块，南边为华夏板块，中部为华南中部中元古代造山带（图 1.3）。

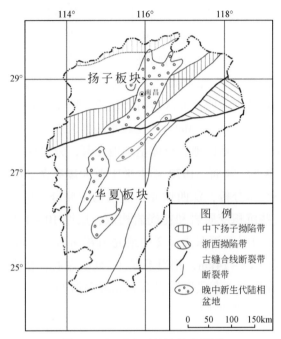

图 1.3　江西地区板块构造简图

1) 扬子地块

扬子地块是华南大陆的稳定核心。由古元古代结晶基底、中元古代下构造层、青白口纪上构造层及南华纪以上盖层四部分组成，除古元古代结晶基底外，其他属变形变质较弱，原生沉积结构、构造保存较好，是可恢复地层层序的地层区。

2) 华南中部中元古代造山带

华南中部中元古代造山带北以宜丰–景德镇–歙县断裂为界，南以萍乡–广丰断裂为界，该地区表现出极为复杂的建造与改造面貌，结构极为复杂。该带是由一系列不同时代、不同来源、不同构造变形形式的构造岩片组成的构造混杂物质场，又可进一步分为乐平–歙县构造混杂岩亚带、万年构造单元、赣东北蛇绿混杂岩亚带、怀玉构造单元、东乡–龙游混杂岩亚带等五个二级构造单元。

3）华夏板块

该板块包括已裂解了的华夏-南海陆块及其陆缘的加里东期闽赣粤造山带。主要构造为南北向、北东向及北北东向。以中部一条断裂带为界，分为两个次级板块：①武夷褶皱带，以丽水-莲花山断裂为界，南至云开大山，呈 S 形展布，为加里东时期形成的褶皱带。②罗霄褶皱带，西以扬子板块和华夏板块处于湖南地区的缝合带为界，呈"S"形展布，为加里东时期华南裂谷沉陷区。

江西省地球物理特征表明该地区岩石圈较薄，地壳最薄的地区为吉泰盆地和鄱阳湖盆地，约为29km，地幔 Moho 面比较平缓，大地平均热流值较低，自西向东渐次增大，显示出江西地区地壳总体呈现地壳薄，分层较均匀等特征。

据台湾-阿尔泰地学断面、1978 年永平工业大爆破及 20 世纪 80 年代石城-古雷人工爆破测震结果分析，江西地壳速度结构主要分三层（表1.1，表1.2）：①上地壳主要为一些沉积变质岩和花岗岩构成，层厚 10～13km，介质纵波波速为 5.2～6.0km/s，且呈西深东浅；②中地壳由花岗岩、高角闪岩相和麻粒岩相变质岩石构成，层厚 12～14km，相当于埋深 25km 左右，介质纵波波速为 6.0～6.6km/s；③下地壳推测由玄武岩质岩石和壳幔混熔的岩石构成，介质纵波波速为 6.60～8.04km/s，层厚平均为 5～8km，赣江以西为 5km，以东为 8km，Moho面埋深 30～33km。

表 1.1　古雷炮合成理论地震图的地壳结构参数表

分层	界面深度/km	地层厚度/km	盖层速度/（km/s）	层速度/（km/s）
1	0.99	0.99	5.52	5.49～5.55
2	13.89	12.90	6.11	6.02～6.30
3	16.69	2.80	6.06	5.85
4	22.74	6.05	6.13	6.34
5	29.54	6.80	6.29	6.85～6.90

表 1.2　石城炮合成理论地震图的地壳结构参数表

分层	界面深度/km	地层厚度/km	盖层速度/（km/s）	层速度/（km/s）
1	1.77	1.77	5.09	5.09～5.10
2	20.05	18.28	6.08	6.00～6.40
3	32.40	12.35	6.29	6.46～6.66

　　江西地区属华南板块的一部分，地质构造横跨扬子地台和华南褶皱系两大地质构造单元，经历过多次旋回和多期次地壳活动，江西地区地质构造较为复杂，各地区构造断裂比较发育，主要为北东向、东西向、北西向三类构造类型，其中以北东向为主要活动性断裂，三类构造形成的年代、规模等均有差异。近东西向断裂是江西境内比较早的一组活动性断裂，中部的宜春-东乡断裂横跨江西中部，将其一分为二，形成赣南和赣北两个分区。赣南的东西向断裂主要有全南-寻乌断裂和大余-信丰-会昌断裂，以上断裂连续性较好，规模比较大。赣北地区东西向断裂主要分布在赣西北九岭隆起带附近，有修水-武宁断裂、九江-瑞昌断裂等，北部活动性较南部强。北东向及北北东向断裂为江西构造主要构架，时间较新，规模巨大，分布较广。其中宜黄-宁都断裂、石城-寻乌断裂、乐安-于都断裂为其主要活动断裂，向南形成复合环状断裂。在赣北主要有湖口-吉水断裂、九江-靖安断裂等。北西向断裂发育程度弱，规模小，但活动年代新（图1.4）。

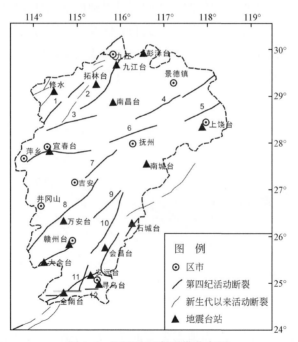

图1.4　江西地区断裂带分布图

1. 铜鼓-武宁断裂；2. 靖安-九江断裂；3. 宜丰-景德镇断裂；4. 乐平-思口断裂；5. 葛源-紫湖断裂；6. 萍乡-广丰断裂；7. 吉水-东乡断裂；8. 遂川-万安断裂；9. 大余-兴国断裂；10. 宜春-安远断裂；11. 全南-周田断裂；12. 寻乌-全南断裂

第2章　地震层析成像方法

2.1　地震层析成像基本原理

　　与医学 CT 层析成像检查人体内部病变组织的原理相似，天然地震层析成像是利用天然地震在地下产生振动，该振动透过地层，地面上的地震台站接收到地震信息，进而反演地下速度结构或衰减系数。如图 2.1 所示，地震在地下某处发震，地震台站接收到该地震到达此处的时间或振幅等信息，称为地震走时和振幅。通过对地震走时或振幅的反演，我们可以得到地下三维速度结构图像或衰减系数图像，而岩石的速度结构、衰减系数和岩性及其构造有密切联系。所以通过地震层析成像得到地下岩石的三维速度结构图像或衰减系数图像对了解岩石成分的空间展布和深层地质构造特征有很重要的意义。

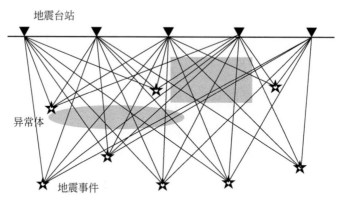

图 2.1　地震层析成像原理图

　　如果 t_{obs} 为观测走时，T_f 为地震发震时刻，T_s 为到时，s 为慢度（速度的倒数），L 为地震射线路径，dl 为沿地震射线路径的积分元，则可以得到地震射线走时方程：

$$t_{obs} = T_s - T_f \tag{2.1}$$

　　设从震源到观测台站的理论走时为 t_{cal}，则理论走时方程可以用积分表示为

$$t_{\mathrm{cal}} = \int_L s(l)\,\mathrm{d}l \tag{2.2}$$

式中，慢度 $s(l) = \dfrac{1}{v(l)}$ ，即波速的倒数。

如果模型已经网格化，$\mathrm{d}l$ 就代表着经过某个单元内的路径。射线追踪与模型正演计算就是对理论走时的计算。

设置的模型与实际情况总会有一些差别，所以理论走时和观测走时会存在差异，设其差异为 δt ，称为走时残差，则

$$\delta t = t_{\mathrm{obs}} - t_{\mathrm{cal}} \tag{2.3}$$

既然走时残差的大小代表着模型与真实速度结构之间的相似程度，通过不断地调整模型的各单元速度参数（速度扰动）就可以使走时残差逐渐减小，当走时残差最小时，认为模型最接近真实的速度结构。

设 $v_0(l)$ 为初始速度模型，$\Delta v(l)$ 为速度扰动值，则新模型的速度结构为

$$v_1(l) = v_0(l) + \Delta v_1(l) \tag{2.4}$$

$$v_n(l) = v_{n-1}(l) + \Delta v_{n-1}(l) \tag{2.5}$$

如果新速度结构不能达到要求，可以进行多次迭代计算，当走时残差不符合要求时不断修正速度结构，直至达到最佳速度模型。

层析成像中正演和反演可以说是相辅相成的，正演基于研究介质和弹性波采集参数的描述，并结合理论模型，以及相关算法来预测地震波轨迹及到时，而反演则基于实测数据和参数，在不断的迭代和寻优中不断地修正模型，从而找出最贴合实际情况的模型。

正演可以看作为反演作的一项准备工作，正演最终需要提供给反演的是一个能够包含射线路径信息的大型稀疏矩阵 A，以及用于提取 Δt 的预测旅行时，矩阵 A 中每一行都代表一个地震事件到达某台站够所走的路径，由于相对于所剖分的全部网格，地震波所走过的离散网格是有限的，对于一个台站接收到的单个地震事件而言，大多数网格中都没有射线通过（图 2.2）。

没有射线通过的网格对应在方程中的位置，其值均为零，如图 2.3 中的射线仅仅经过标号为 11、15、16、20、21、25、26 的网格，所以取出矩阵 A 中的某一行可表示为

1	2	3	⋯	11	⋯	15	16	⋯	20	21	⋯	25	26	⋯	$k-1$	$k-2$
0	0	0	⋯	l_{11}	⋯	l_{15}	l_{16}	⋯	l_{20}	l_{21}	⋯	l_{25}	l_{26}	⋯	0	0

$$\tag{2.6}$$

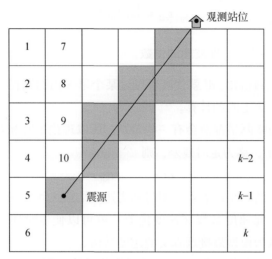

图2.2 射线所通过的离散网格

式（2.6）中第一行代表网格编号，第二行代表网格中某条射线所走过的路径，如果把所有的 n 条射线集合在一个方程内就得到了所需要的矩阵 $\boldsymbol{A}$。

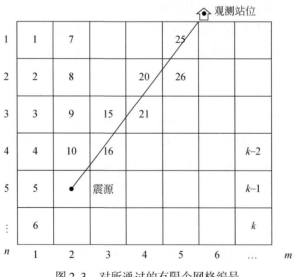

图2.3 对所通过的有限个网格编号

正演的另一项工作是得到理论到时 t_{cal}。实测资料中提供了实际到时 t_{obs}。用于反演的方程可表示为 $\boldsymbol{Ax} = \boldsymbol{b}$，其中 b 为实测走时与理论走时之间的差 Δt，即

$t_{\text{obs}} - t_{\text{cal}}$ 。b 既使原方程达到平衡，同时也是层析成像工作的"开关"，设定理论走时与实际走时的残差最小值，当残差小于这一值时，反演停止，跳出循环（图 2.4），此时认为所得到的模型即要求取的"真实"速度模型。

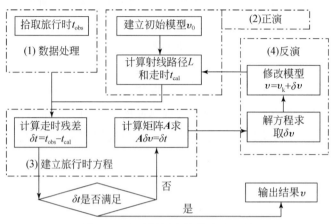

图 2.4　地震层析成像算法流程图

作为一个经典的地球物理正反演问题，能够成功地反演出所要得到的速度模型，获得图像重建的速度和精度，稳定、高效的正演过程起到了至关重要的作用，层析成像中的正演方法即射线追踪，在已知介质速度分布的情况下，求取地震波穿过所要成像的区域的射线轨迹，而在高频近似的前提下，由费马（Fermat）原理可知，地震波由震源处开始向外传播，在震源和接收点之间，射线路径仅有一条，换言之，射线追踪问题的解是唯一的。这里有必要介绍一下射线追踪过程中所基于的基本原理，首先是费马原理，其原本属于光学的范畴，认为光总是沿着所需时间最短的路径传播，假设空间里存在 A、B 两点，且 A、B 两点所存在的空间充满了折射率变化的介质，当光由 A 点到达 B 点，其路径是一条曲线，并且其路径中任取一部分也满足费马原理，将 A、B 两点几何路径分成若干线元 $\mathrm{d}s_i$，线元上的点折射率可视为常数 N_i，与线元 $\mathrm{d}s_i$ 对应的走时为 $t_{s_i} = \mathrm{d}s_i / v_i$。设波速为 V_c，则 A 点到 B 点所需要的走时为

$$t_{AB} = \sum t_{s_i} = \sum \frac{\mathrm{d}s_i}{v_i} = \frac{1}{V_c} \sum N_i \mathrm{d}s_i = \frac{1}{V_c} \int_{\overline{AB}} N \mathrm{d}s \qquad (2.7)$$

由变分原理可知，t_{AB} 存在极值的条件是式（2.7）定积分的变分为零：

$$\delta t_{AB} = \delta \left[\frac{1}{V_c} \int_{\overline{AB}} N \mathrm{d}s \right] = 0 \qquad (2.8)$$

由于 V_c 为常数，则有

$$\delta l = \delta \int_{\overline{AB}} N ds = 0 \qquad (2.9)$$

在几何光学近似的前提下，认为机械波在传播过程中也满足费马原理。

其次是惠更斯原理及斯奈尔（Snell）定律，惠更斯原理是指波在传播过程中，波阵面上的任意一点可看作一个新子源波。在已知某一时刻的波前面，下一时刻的波前面可以根据其子波的包络面来确定。对于一个各向异性的介质来说，能量波传播速度与方向无关，此时，惠更斯子波是由一系列球面组成，且子波的平截面是准椭圆。当地震发生时地震波到达速度分界面，一部分能量会反射回原来的界面，而另一部分会以特定角度入射，此时根据期奈尔定律，存在如下关系（图 2.5）：

$$\frac{\sin\theta_{\mathrm{inc}}}{v_1} = \frac{\sin\theta_{\mathrm{tra}}}{v_2} = P \qquad (2.10)$$

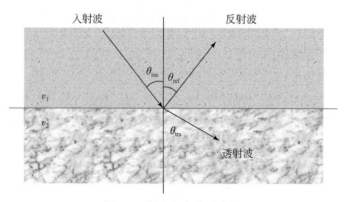

图 2.5　斯奈尔定律示意图

其中，θ_{inc} 为入射角，θ_{tra} 为透射角，v_1 为上覆介质波速，v_2 为下伏介质波速，P 为一固定常数。式（2.10）说明射线经过速度分界面时会发生角度的变化，且这种变化服从一定的规律，即入射角的正弦值与所属界面介质速度之比恰好等于透射角的正弦值和所属界面介质速度之比，且为一固定常数，这一理论也被运用于多数射线追踪方法中。

2.2　模型参数化

　　模型参数化就是用某一参数或几个参数对模型进行描述，模型参数化应该注意以下两个问题：①选取的参数能较准确地反映该地质及其构造本身的物理属性的差异；②对模型离散化时应注意划分单元数和单元大小要合理，既要使大部分单元都有射线穿过，也要有足够的单元数使图像分辨率符合要求。

　　模型参数化主要可以分为两类，第一类是由 Taratola 和 Nercessian 提出的"不分块"，将反演过程放在泛函空间内进行处理，其特点是理论上可以求取空间中任一点处的速度结构，不受离散化影响，该方法常被用于全球尺度的层析成像工作。第二类是目前国内外较为常用的几种离散化方法，其特点是更容易理解，且运算更加方便简单，然而其缺点也显而易见，由于将研究对象过分地简化，可能在离散时将一些重要信息也掩盖掉。目前常见的离散化方法有立方块法、节点法及节点不连续面法（图 2.6，图 2.7）。安艺敬一在 1976 年开创性地将所研究的介质剖分为一系列立方体，并将慢度值 s_i（速度的倒数）设在网格内部，这样每个网格都有唯一的一个慢度值，但这仅在所剖分的立方块足够小的情况下才成立。Thurber 在 1983 年对该方法进行了改进，提出了节点法，他将慢度值 s_i 设定在每个网格的节点上，网格内部的慢度值由插值获得，其优点是在一定程度上消除了边界的影响，但仅在处理连续界面时效果明显，对于不连续界面，只能引入强梯度来近似。赵大鹏在 1992 年研究日本东北地区下方结构时开创了节点不连续面法，该方法采用伪弯曲法来求取射线路径，出现不连续界面时，则

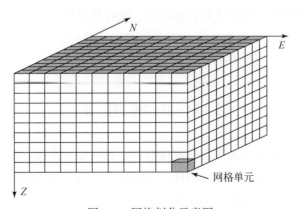

图 2.6　网格剖分示意图

采用斯奈尔定律，以确定射线与界面的交点，节点不连续面法对于描述地下精细三维结构十分有效，还可以利用多种震相去参与反演。目前国内多数层析成像工作均采用的是赵大鹏教授的 Tomo3D 软件完成。

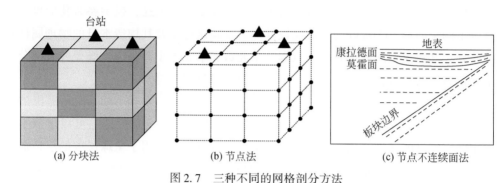

图 2.7　三种不同的网格剖分方法

　　本书是以地壳速度为参数来建立模型的，一般建立地壳速度模型可以分为分层模型、分块模型、节点模型等。以上模型均有其优点和缺点：分层模型是最常见的模型，考虑到真实地球地壳速度一般会随着地壳深度的增加而增大，所以可以把地壳模型分为多层，地层越深，速度越大，这种模型在地层垂直各向异性较明显而水平各向异性不明显的地方比较适用。分块模型基本原理和分层模型相似，只是把模型分成多个块状，在块与块之间速度不同，假设同一块中速度为常数，射线沿直线传播。分层模型和分块模型都人为引入速度分界面，初始模型的好坏常常取决于对该地区地质情况的了解程度，分块模型较分层模型灵活，但是正演实现更难。节点模型是按照一定规则给定部分节点各自的速度值，未知节点的值可以通过周围各点的值进行插值得到，这样使得速度参数可以连续在介质内变化，避免了人为添加不连续间断面的情况，当实际情况存在速度间断面的时候，节点模型会降低此处分辨率。

2.3　正　演　方　法

　　正演方法的选择对于地震层析成像有着极其重要的作用。正演的精度直接关系到反演的分辨率与精度。正演的计算效率决定该方法的实际应用，所以较高的精度和计算效率成为衡量正演方法优劣的标准。一般正演方法可以分为偏微分波动方程数值模拟和以积分方程为基础的射线追踪数值模拟，根据文献可知，偏微分波动方程数值模拟在高频近似时就能转化为射线追踪数值模拟。偏微分波动方程数值模拟计算较射线追踪数值模拟复杂，所以偏微分波动方程数值模拟计算量大大多于射线追踪数值模拟，但偏微分波动方程数值模拟具有无盲区等优点。射线追踪数值模拟的方法比较多，包括打靶法、伪弯曲法、有限差分法、逐次迭代射线追踪法等，以下具体介绍有限差分法和逐次迭代射线追踪法。

2.3.1　逐次迭代射线追踪法

地震射线在穿过不同速度的地层时，路径为曲线，并且遵循斯奈尔定律（折射定律）。

如图 2.8 所示，MM' 为一速度分界面，在速度分界面上速度是不连续的，而在分界面两边，速度是连续或均匀的，A 点处的速度设为 v_A，B 点处的速度设为 v_B，AB 为穿过不连续速度面 MM' 的一条地震射线，与 MM' 相交于 C 点。设 C 点的速度分别为 v_{C1}，v_{C2}，则可以求得速度分界面两边平均速度分别为

$$v_1 = \frac{v_A + v_{C2}}{2} \tag{2.11}$$

$$v_2 = \frac{v_{C2} + v_B}{2} \tag{2.12}$$

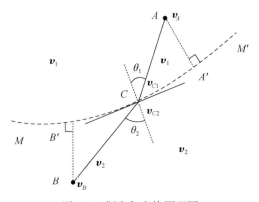

图 2.8　斯奈尔定律原理图

分别过 A、B 两点向分界面 MM' 作垂线交于 A'、B'，通过斯奈尔定律可以求得 C 点，使得

$$\frac{\sin\theta_1}{v_1} = \frac{\sin\theta_2}{v_2} \tag{2.13}$$

因此可以认为 BCA 折线是所求射线路径。

如图2.9所示，假设设置的模型有多个速度间断面和连续或均匀速度层，A_1 点为台站位置，A_5 点为震源位置，A_2、A_3、A_4 三点分别为震源和接收台站的连线与速度间断面的交点，运用斯奈尔定律对两相隔点找到最短路径和其与速度间断面的交点，根据 A_1 和 A_3 点可以得到 A_2' 点，A_2 和 A_4 点可以得到 A_3' 点，A_3 和 A_5 点可以得到 A_4' 点，计算完所有点之后，如果残差满足要求停止迭代，否则以新得到的点为原始点继续运用斯奈尔定律得到 B_1 点、B_2 点、B_3 点、B_4 点，经过多次迭代，直到残差满足要求，停止迭代，可以认为此时的射线路径接近真实射线路径。

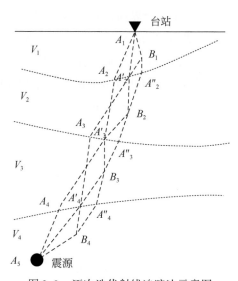

图2.9　逐次迭代射线追踪法示意图

2.3.2　有限差分法

在三维情况下，地震波传播满足：

$$\left(\frac{\partial t}{\partial x}\right)^2 + \left(\frac{\partial t}{\partial y}\right)^2 + \left(\frac{\partial t}{\partial z}\right)^2 = s\,(x,\ y,\ z)^2 \tag{2.14}$$

式中，$s(x,\ y,\ z)$ 为慢度分布值，$t(x,\ y,\ z)$ 为在慢度分布下地震波的走时。式(2.14)可以利用有限差分方法离散化为

$$\left(\frac{t_{i+1,j,k} - t_{i,j,k}}{\Delta x}\right)^2 + \left(\frac{t_{i,j+1,k} - t_{i,j,k}}{\Delta y}\right)^2 + \left(\frac{t_{i,j,k+1} - t_{i,j,k}}{\Delta z}\right)^2 = s_{i,j,k}^2$$

$$\tag{2.15}$$

如果在 x，y，z 方向取同样的网格间距 h，则式（2.15）可以简化为

$$\left(\frac{t_{i+1,\,j,\,k} - t_{i,\,j,\,k}}{h}\right)^2 + \left(\frac{t_{i,\,j+1,\,k} - t_{i,\,j,\,k}}{h}\right)^2 + \left(\frac{t_{i,\,j,\,k+1} - t_{i,\,j,\,k}}{h}\right)^2 = s_{i,\,j,\,k}^2$$

$$(2.16)$$

若式（2.16）中 $t_{i,\,j,\,k}$ 已知，则由 $t_{i+1,\,j,\,k}$，$t_{i,\,j+1,\,k}$，$t_{i,\,j,\,k+1}$ 任意两个可以求出第三个。

　　三维有限差分走时计算采用波前扩展来求取每一点的走时，如图 2.10 所示，O 为震源点，先计算以 O 为中心的 26 个点的走时，再取其中最小走时点为新震源计算其他点的走时，实现波前扩展，如此反复迭代，直至所有点的走时都计算出来。以下以二维节点为例介绍计算过程。

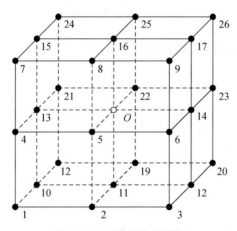

图 2.10　三维节点示意图

　　设速度二维结构垂直和水平间距相等都为 h，A 点为震源点，此点为计时零点，与 A 点相邻的点记为 A_1，A_2，A_3，A_4；与 A 点的次相邻点为 B_1，B_2，B_3，B_4（图 2.11）。如果是相邻点，走时按式（2.17）计算：

$$t_i = \frac{h}{2}(s_{A_i} + s_A)$$

$$(2.17)$$

其中 s_{A_i} 为 A_i 点处的慢度，s_A 为 A 点处的慢度，t_i 为从 A 点到相应点的走时。

　　考虑到二维地震射线的程函方程：

$$\left(\frac{\partial t}{\partial x}\right)^2 + \left(\frac{\partial t}{\partial z}\right)^2 = s(x,\,z)^2$$

$$(2.18)$$

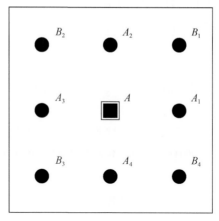

图 2.11　二维节点示意图

次相邻点的走时计算近似如下：

$$\frac{\partial t}{\partial x} = \frac{1}{2h}(t_A + t_{A_2} - t_{A_1} - t_{B_1}) \tag{2.19}$$

$$\frac{\partial t}{\partial z} = \frac{1}{2h}(t_A + t_{A_1} - t_{A_2} - t_{B_1}) \tag{2.20}$$

把式（2.19）和式（2.20）代入式（2.18）得

$$t_{B_1} = t_A + \sqrt{2(h\bar{s})^2 - (t_{A_2} - t_{A_1})^2} \tag{2.21}$$

式中，$\bar{s}$ 为 A，A_1，A_2 点的平均速度，式（2.19）为有限差分外推公式，可以由震源点出发不断外推，得到新震源点再外推，遍历各节点后得到各节点走时。

以有限差分外推为基础，按照走时的大小分为顺风方向和逆风方向，可以在顺风方向快速构造解，快速行进方法的核心思想是在波前构造一个狭窄的边界带模拟波前的传播，根据最小路径的 Dijkstra 算法，不断更新波前点的顺序。

如图 2.12 和图 2.13 所示，假设波前点左边都是走时已知点（黑色点），在已知点附近，波前窄带上的点称为实验点（蓝色点），其他波前尚未到达或通过的点为未知点（白色点），当实验点确定之后，找出实验点中走时最小的点，把该点作为已知点计算相邻点和次相邻点，有过一次以上走时的未知点归为实验点，然后更新实验点、已知点、未知点集合，实现波前快速扩展。

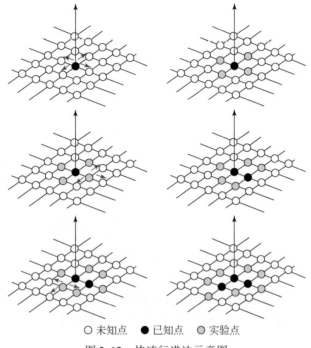

○ 未知点　● 已知点　◉ 实验点

图 2.12　快速行进法示意图

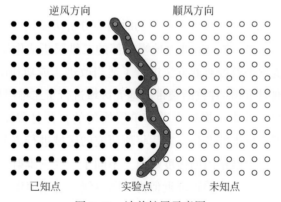

图 2.13　波前扩展示意图

快速行进算法的过程如下（图 2.14）。

（1）找出实验点中走时最小的点，并从实验点中取出，并入已知点。

（2）以最新已知点为震源，找出未知点中的与其相邻和次相邻点，并把这些点从未知点中取出，设为实验点。

（3）根据速度外推公式计算新加入的实验点的走时。

（4）循环步骤（1）直至所有点都为已知点。

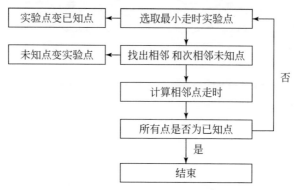

图 2.14 快速行进算法流程图

考虑到没有具体的三维初始模型可以借鉴，只能通过设置为简单的层状初始模型来正演，利用有限差分法不能体现出其优点，且会大大增加正演计算的难度和时间，因此选用了适合层状介质、计算量较小的逐次迭代射线追踪法。

2.3.3 时间项分析法

该方法是由 Hearn 等（1991）提出的时间项分析法简化而来，时间项分析法常被国内外学者用于 Pn 波、Sn 波上地幔顶部的二维层析成像研究，中国科学院青藏高原研究所裴顺平教授对此方法进行了适当改进，成功利用青海玉树 Ms7.1 地震及其余震数据对玉树–甘孜断裂带上地壳区域进行了二维层析成像反演。

在正演模型的设计中，将地壳看作单层均匀的，并且假设地幔边界是水平的，忽略其在坡度上发生的变化，之后将所研究的区域进行离散化，采用网格化水平剖分，并且对每个网格内的慢度赋值。不同于一些三维射线追踪方法，该方法将射线在速度分界面走过的距离近似为一条直线，忽略速度横向变化所引起的射线弯曲等现象，并且忽略了地球曲率及地下介质的速度变化。

该方法主要特点是可以很好地消除地壳结构对所求速度分界面的影响，震源和台站的时间项包括地壳结构的非均匀性影响，以及震源误差的影响，这样可以有效提高速度分界面和各向异性的解的分辨率。但该方法对台站定位精度要求较高，尤其是定位误差必须保证在一个较小的误差范围内。

射线入射前的震相分别为 P 波和 S 波, 发生临界折射时, 震相变为了 Pn 波和 Sn 波, 这里提及的射线路径分为震源路径、地幔路径及接收路径, 其方程为

$$t = T_1 - T_0 = \int_{d_s} s_c dl + \int_{d_m} s dl + \int_{d_r} s_c dl \qquad (2.22)$$

式中, t 为射线在全路径当中的走时; T_0 为发震时刻; T_1 为接收到时; d_s 为震源路径; d_m 为速度分界面路径; d_r 为接收路径; s、s_c 分别为速度分界面和地壳慢度; dl 为对路径的积分。这里还假设研究介质为单层水平地壳, 且其介质和分界面的速度不变, 引入斯奈尔定律可将式 (2.22) 转化为

$$t = a' + b' + D \cdot s \qquad (2.23)$$

式中, $a' = (H_r - h_r) \sqrt{s_c^2 - s^2}$ 为地震走时延迟; $b' = (H_r - h_r) \sqrt{s_c^2 - s^2}$ 为台站走时延迟; H_s 为震源处地壳厚度; D 为震中距; h_s 为震源深度; H_r 为台站处地壳厚度; h_r 为台站高程。之后再根据观测数据求出研究区域的平均地壳慢度和速度分界面的慢度。式 (2.24) 表示将地震和台站校正到大地水准面上, 地壳的介质平均速度可以通过地震射线距离和走时之间的斜率并结合相关地球动力学资料来获取, 观测走时 t 及 H_s、H_r、D 均由实测或理论计算获得

$$t' = t + (h_s - h_r) \sqrt{s_c^2 - s^2} = (H_s + H_r) \sqrt{s_c^2 - s^2} + D \cdot s \qquad (2.24)$$

这里设 $f = (H_s + H_r) \sqrt{s_c^2 - s^2}$, 于是平均地壳厚度为

$$H = (H_s + H_r)/2 = f/(2\sqrt{s_c^2 - s^2}) \qquad (2.25)$$

实际计算中, 先确定根式下 s 的初值, 再将地震射线距离和走时分布图进行最小二乘拟合的曲线斜率作为初始慢速代回公式中。方程 (2.24) 右边的 $\sqrt{s_c^2 - s^2}$ 部分值很小, 且其值随 s 的变化也很小, 因此通过 2~3 次迭代得到最终结果, 这大大地提高了计算的效率, 可以快速求出研究区域的地下波速及地壳平均厚度。

接下来将研究介质离散化, 将速度分界面剖分成正方形的网格, 并将初始的慢度值设在网格内部, 这里如果考虑速度各向异性, 射线走时残差可以表述为

$$t_{ij} = a_i + b_j + \sum d_{ijk}(s_k + A_k \cos 2\phi + B_k \sin 2\phi) \qquad (2.26)$$

式中, j 代表第 j 个地震, i 代表第 i 个台站, k 代表对地下速度分界面所进行剖分后的第 k 个网格; t_{ij} 为第 j 个地震到第 i 个台站的走时残差; a_i 为第 i 个台站校正到达的水准面上的走时延迟扰动, b_j 为第 j 个台站校正到达的水准面上的走时延迟扰动, 这两项均与地壳厚度有关; d_{ijk} 为第 j 个地震到第 i 个台站的射线在经过第 k

个网格中所走的距离；s_k 为第 k 个网格慢度扰动；A_k、B_k 分别为第 k 个速度网格的各向异性系数；ϕ 为台站与地震之间的方位角。

波速各向异性的为 $(A_k^2 + B_k^2)^{1/2}$，慢度最快方位角为 $1/2\arctan(B_k/A_k)$，在不考虑各向异性的情况下，式（2.26）去掉 A_k、B_k 两项，则转化为一个简单的形式：

$$t_{ij} = a_i + b_j + \sum d_{ijk}s_k \tag{2.27}$$

此时，式（2.27）已经呈现出了类似于 $\boldsymbol{A} \cdot \Delta s = \Delta t$ 的形式，其中 $\boldsymbol{A}$ 为一个大型系数矩阵，每条射线作为一个方程。之前提到一条射线所经过的网格数是十分有限的，所以对于一个方程来说只有部分项是有数值的，其余部分都是 0，Δs 为慢度的扰动量，Δt 为走时残差，该方程可通过线性反演或非线性反演来完成方程求解。

在 Pg 波速度结构反演中，射线是直接由震源到达台站的，因此在式（2.22）中，s 仅有一段，地壳中 Pg 波的观测旅行时表示为

$$t_{\text{obs}} = t + a_{\text{sta}} + b_{\text{evt}} \tag{2.28}$$

式中，t 为结合相关速度模型得到的地震射线在穿过上地壳时的预测旅行时；a_{sta} 为台站项修正，该项与台站观测时间误差及地表地质情况有关，用于补偿台站下方的速度结构；b_{evt} 为事件项修正，用于表示震源深度和发震时刻方面的误差，该方法认为震源深度和发震时刻之间存在一个权衡关系，即较早的发震时刻可以被一个较深的震源深度所补偿，反之亦然，所以将这两项误差结合成一个修正项来处理。将预测旅行时 t 表示为 $t = \sqrt{h^2 + \Delta^2}/v$，假设存在一个地震事件，在速度为 v 的上地壳中以直线传播，其震源深度为 h，震中距为 Δ，将 $t = \sqrt{h^2 + \Delta^2}/v$ 代入式（2.28）中，得

$$t_{\text{obs}} - (\sqrt{h^2 + \Delta^2} - \Delta)/v = \Delta/v + a_{\text{sta}} + b_{\text{evt}} \tag{2.29}$$

对于大多数地震事件来说都存在 $h \ll \Delta$，所以式（2.29）的修正项 $(\sqrt{h^2 + \Delta^2} - \Delta)/v$ 对于观测旅行时来说是微乎其微的。通过不断拟合，修正式（2.29）中与震中距相对的预测旅行时，便可以估算出上地壳平均速度，此时，旅行时残差的形式与式（2.28）相同。

2.4　反　演　方　法

地震层析成像反演方法包括线性迭代法和非线性迭代法。线性迭代法包括代

数重构法、联合代数重构法、最小二乘法、阻尼最小二乘法、共轭梯度法等；非线性迭代法包括蒙特卡洛法、混沌算法、遗传算法、模拟退火算法、蚁群算法（图2.15）。线性迭代法具有原理清晰易懂、算法简单、用时较短等优点，但是易陷入局部最优解；非线性迭代法可以克服陷入局部最优解的困难，但本身算法不一定稳定，易受随机干扰等，目前对该类方法仍在不断研究中。本书选用目前相对可靠的阻尼最小二乘法和联合代数重构法进行反演计算。

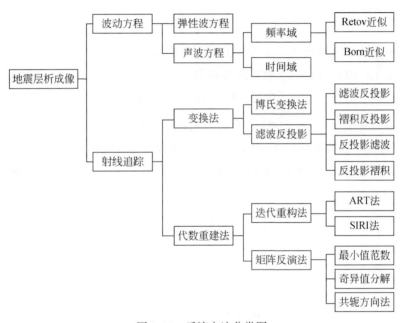

图 2.15　反演方法分类图

地球物理的问题都可以线性化为一个大型稀疏线性方程组：

$$Ax = b \tag{2.30}$$

式中，A 为模型矢量到数据矢量的理论算子，它包含着正演时所有的数学物理信息。模型矢量为 $x = (x_1, x_2, \cdots, x_n)^{\mathrm{T}}$，数据矢量为 $b = (b_1, b_2, \cdots, b_n)^{\mathrm{T}}$，式（2.30）常常为不适定的，不存在经典意义下的解，即 A^{-1} 不存在，只能得出式（2.30）的广义解。

对于方程的求解，反演方法可以归结为两大类：波动方程法和射线追踪法。其中射线追踪法可以看作波动方程法的高频近似。

2.4.1 阻尼最小二乘法

阻尼最小二乘（LSQR）法是由 Paige 和 Saunders（1982）提出的，利用 Lanczos 法求解最小二乘，并在求解过程中用到了 QR 因子分解（Least Squares QR-factorization）法，所以也将阻尼最小二乘法称为 QR 因子分解法。该方法极大地节约了内存空间，且克服了类似于代数重建法的不稳定性，是一种十分理想的线性反演方法。

Lanczos 法要求所求解的方程组的系数矩阵必须为一个对称方程组，所以必须先将 A 系数矩阵转化为一个等价的系数矩阵。

与式（2.30）等价的系数矩阵方程为

$$\begin{bmatrix} 0_{I \times I} & A_{I \times J} \\ A_{J \times I}^{\mathrm{T}} & 0_{J \times J} \end{bmatrix} \begin{bmatrix} 0_{I \times J} \\ x_{J \times I} \end{bmatrix} = \begin{bmatrix} b \\ 0_{I \times I} \end{bmatrix} \tag{2.31}$$

将 Lanczos 法构造标准正交向量列 w_i 及单调子空间列的方法用于式（2.31）中，推到第 $2m$ 步，标准正交向量列 $w_i(i = 1, 2, 3, \cdots, m)$ 及对应的 W_{2m} 和 T_{2m} 分别为

$$w_{2k-1} = \begin{pmatrix} u_k \\ 0 \end{pmatrix}, \ w_{2k} = \begin{pmatrix} 0 \\ v_k \end{pmatrix} (k = 1, 2, \cdots, m) \tag{2.32}$$

$$W_{2m} = \begin{bmatrix} u_1 & 0 & \cdots & u_m & 0 \\ 0 & v_1 & \cdots & 0 & v_m \end{bmatrix}_{(I+J) \times 2m} \tag{2.33}$$

$$T_{2m} = \begin{bmatrix} 0 & \alpha_1 & 0 & 0 & \cdots & 0 & 0 \\ \alpha_1 & 0 & \beta_2 & 0 & \cdots & 0 & 0 \\ 0 & \beta_2 & 0 & 0 & \cdots & 0 & 0 \\ \vdots & \vdots & \vdots & \vdots & & \vdots & \vdots \\ 0 & 0 & 0 & 0 & \cdots & \beta_m & 0 \\ 0 & 0 & 0 & 0 & \cdots & \alpha_m & 0 \\ 0 & 0 & 0 & 0 & \cdots & \beta_m & 0 \end{bmatrix}_{2m \times 2m} \tag{2.34}$$

式中，$u_i \in R^I$，$v_i \in R^J (i = 1, 2, 3, \cdots, m)$；$v_i$，$u_i$，$\alpha_{i,} \beta_i(i = 1, 2, 3, \cdots, m)$ 满足如下的递推式：

$$v_0, \quad \beta_1 = \parallel \boldsymbol{b} \parallel, \quad u_1 = \boldsymbol{b}/\beta_1,$$

$$\alpha_i = \parallel \boldsymbol{A}^{\mathrm{T}} u_i - \beta_i v_{i-1} \parallel, \quad v_i = (\boldsymbol{A}^{\mathrm{T}} u_i - \beta_i v_{i-1})/a_i \tag{2.35}$$

$$\beta_{i+1} = \parallel \boldsymbol{A} v_i - \alpha_i u_i \parallel, \quad u_{i+1} = (\boldsymbol{A} v_i - \alpha_i u_i)/\beta_{i+1}$$

当 $a_i = 0$ 或 $\beta_{m+1} = 0$，停止计算。这里子空间为

$$W_{2m} = \mathrm{span}\left\{ \begin{pmatrix} u_1 \\ 0 \end{pmatrix}, \begin{pmatrix} 0 \\ v_1 \end{pmatrix}, \cdots, \begin{pmatrix} u_m \\ 0 \end{pmatrix}, \begin{pmatrix} 0 \\ v_m \end{pmatrix} \right\} \subseteq R^{I+J} \tag{2.36}$$

在子空间，W_{2m} 的投影近似解形式表示为

$$\boldsymbol{x}_{2m} = \boldsymbol{W}_{2m} (z_1, y_1, \cdots, y_m)^{\mathrm{T}} = \begin{pmatrix} z_1 u_1 + z_2 u_2 + \cdots + z_m u_m \\ y_1 v_1 + y_1 v_1 + \cdots + y_m v_m \end{pmatrix} \tag{2.37}$$

$(z_1, y_1, \cdots, z_m, y_m)$ 满足方程：

$$\boldsymbol{T}_{2m} (z_1, y_1, \cdots, z_m, y_m)^{\mathrm{T}} = W_{2m}^{\mathrm{T}} \begin{pmatrix} \boldsymbol{b} \\ 0 \end{pmatrix} \tag{2.38}$$

再将 $\boldsymbol{x}_{2m}$ 代入式 (2.30) 中，得

$$\begin{pmatrix} \boldsymbol{A}(y_1 v_1 + y_2 v_2 + \cdots + y_m v_m) \\ \boldsymbol{A}^{\mathrm{T}}(z_1 u_1 + z_2 u_2 + \cdots + z_m u_m) \end{pmatrix} \cong \begin{pmatrix} \boldsymbol{b} \\ 0_{J \times I} \end{pmatrix} \tag{2.39}$$

即：

$$\boldsymbol{A}(y_1 v_1 + y_2 v_2 + \cdots + y_{2m} v_{2m}) \cong \boldsymbol{b}$$

$$\boldsymbol{A}^{\mathrm{T}}(y_1 u_1 + y_3 u_2 + \cdots + y_{2m-1} u_m) \cong 0 \tag{2.40}$$

记 $\boldsymbol{V}_m = [v_1, v_2, \cdots, v_m]_{J \times m}$，$\boldsymbol{U}_m = [u_1, u_2, \cdots, u_m]_{I \times m}$，

$$\boldsymbol{B}_m = \begin{bmatrix} \alpha_1 & 0 & 0 & \cdots & 0 & 0 \\ \beta_2 & \alpha_2 & 0 & \cdots & 0 & 0 \\ 0 & \beta_3 & \alpha_3 & \cdots & 0 & 0 \\ \vdots & \vdots & \vdots & & \vdots & \vdots \\ 0 & 0 & 0 & \cdots & \beta_m & \alpha_m \\ 0 & 0 & 0 & \cdots & 0 & \beta_{m+1} \end{bmatrix}_{(m+1) \times m} \tag{2.41}$$

$V^{(m)} = \mathrm{span}\{ v_1 \quad v_2 \quad \cdots \quad v_m \}$，则根据 $w_i (i = 1, 2, \cdots, 2m)$ 的标准正交性得

$$\boldsymbol{U}_m^{\mathrm{T}} \boldsymbol{U}_m = \boldsymbol{V}_m^{\mathrm{T}} \boldsymbol{V}_m = \boldsymbol{I} \tag{2.42}$$

则可得

$$\boldsymbol{U}_{m+1}(\beta_1 e_1) = \boldsymbol{b}, \quad \boldsymbol{A} \boldsymbol{V}_m = \boldsymbol{U}_{m+1} \boldsymbol{B}_m, \quad \boldsymbol{A}^{\mathrm{T}} \boldsymbol{U}_{m+1} = \boldsymbol{V}_m \boldsymbol{B}_m^{\mathrm{T}} + \alpha_{m+1} v_{m+1} e_{m+1}^{\mathrm{T}} \tag{2.43}$$

式中，

$$e_1 = (1, 0, \cdots, 0)^T \in R^{m+1}, \ e_{m+1}^T = (0, \cdots, 0, 1) \in R^{m+1} \qquad (2.44)$$

最小二乘问题是求解 $x \in R^l$，使得

$$\|Ax - b\|_2 = \min\{\|Av - b\|_2, \ v \in R^l\} \qquad (2.45)$$

求出 $V^{(m)}$ 的近似解 X_m，须将情况限制在子空间 $V^{(m)}$ 内：

$$\|AX_m - b\|_2 = \min\{\|Av - b\|_2, \ v \in V^{(m)}\} \qquad (2.46)$$

再由式（2.41）～式（2.43）及 $X_m = V_m Y_m \in V^{(m)}$ 得

$$\|AX_m - b\|_2 = \|U_{m+1}B_m V_m^T V_m Y_m - U_{m+1}(\beta_1 e_1)\|$$
$$= \|U_{m+1}(B_m Y_m - \beta_1 e_1)\| = \|(B_m Y_m - \beta_1 e_1)\|$$
$$(2.47)$$

求 X_m，使 $\|AX_m - b\|_2$ 取极小值转化为求解 $Y_m \in R^m$，使 $\|(B_m Y_m - \beta_1 e_1)\|$ 取得极小值。此时，$V^{(m)}$ 中的近似解 X_m 可以通过求解 $B_m Y_m = \beta_1 e_1$，即

$$\begin{bmatrix} \alpha_1 & 0 & 0 & \cdots & 0 & 0 \\ \beta_2 & \alpha_2 & 0 & \cdots & 0 & 0 \\ 0 & \beta_3 & \alpha_3 & \cdots & 0 & 0 \\ \vdots & \vdots & \vdots & & \vdots & \vdots \\ 0 & 0 & 0 & \cdots & \beta_m & \alpha_m \\ 0 & 0 & 0 & \cdots & 0 & \beta_{m+1} \end{bmatrix}_{(m+1) \times m} \begin{pmatrix} y_1 \\ y_2 \\ y_3 \\ \vdots \\ y_{m-1} \\ y_m \end{pmatrix} = \begin{pmatrix} \beta_1 \\ 0 \\ 0 \\ \vdots \\ 0 \\ 0 \end{pmatrix} \qquad (2.48)$$

由于 B_m 是双对角阵，可用 QR 方法求解式（2.48）得到 Y_m，再计算出方程组在 $V^{(m)}$ 中的近似解 X_m。

2.4.2　联合代数重构法

联合代数重构（SIRT）法的原理是在某次迭代后，将每一方程对每个像元的修改值作加权平均，然后对每个像元的慢度作修改。

$$x_j^{q+1} = x_j^q + \Delta x_j^q \qquad (2.49)$$

式中，x_j^q 为第 q 次修改前 j 各像元慢度值；x_j^{q+1} 为第 q 次修改后 j 各像元的慢度值；Δx_j^q 为第 q 次各像元某种形式的加权平均。若取迭代弛豫参数为 μ，那么对像元 j 的迭代公式可以写为

$$x_j^{q+1} = x_j^q + \frac{\sum_i a_{ij}(b_i - \hat{b}_i^q) / \sum_i a_{ij}}{\mu + \sum_i a_{ij}} \qquad (2.50)$$

式中，a_{ij} 为矩阵 A 的第 i 行，第 j 列元素；b_i 为第 i 条射线实际走时；$\hat{b}_i^q$ 为根据慢度近似值 $\bar{x}^q$ 计算出的走时。

SIRT 法要求计算机内存较大，但是该方法收敛性好，在跨孔层析成像中常用。

2.5　地质模型层析成像

为了验证反演程序的可靠性，分别用程序对二维和三维地质模型进行层析成像验证，具体过程如下：模型参数化由简单到复杂，设置模拟地震震源和台站，根据震源和台站进行射线追踪，在理论走时上添加正态分布扰动作为实际走时，分别用两种方法对实际走时进行反演。

2.5.1　二维地质模型层析成像

将模型设置为 9×12 的网格，模拟地震在模型左右两边，震源位置同时也是台站接收位置。如图 2.16 为初始模型速度结构。

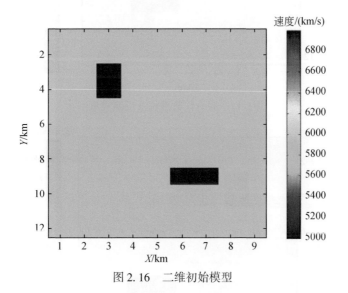

图 2.16　二维初始模型

利用理论走时加上随机误差来模拟真实地震走时，公式为 $t = t_0 + \mu R[-1,1]$，其中 t 为观测走时，t_0 为理论走时，μ 为系数，$R[-1,1]$ 为随机产生的 $-1 \sim 1$ 的正态分布数。

分别对联合代数重构法和阻尼最小二乘法进行反演对比，对不同系数下的阻尼最小二乘法进行对比实验，对无误差和有随机误差数据的走时进行反演对比，以此确定阻尼系数。

当取 $\mu = 0$ 时，表示观测值与真实值相等，误差为零，此时用联合代数重构法对模型进行反演，联合代数重构迭代 200 次，计算走时方差为 0.201；从图 2.17 可以看出，模型分辨率较好，能清晰地反演出其中的高速体和低速体。阻尼最小二乘法阻尼系数 λ 取 0.5，迭代次数 10 次，计算走时方差为 0.015；从图 2.18 可以看出，反演结果分辨率很好，与联合代数重构法结果一致。

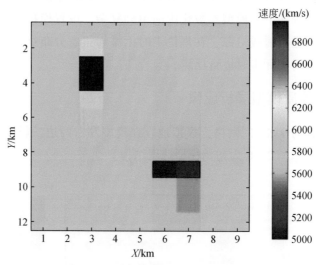

图 2.17　联合代数重构法反演成果图

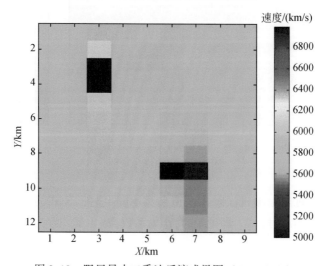

图 2.18　阻尼最小二乘法反演成果图（$\lambda = 0.5$）

　　方差是反映反演好坏的一个标准，表示结果的分辨率，而通过计算次数和方差的曲线可以看出算法的收敛速度，收敛速度也是一个很重要的标准，直接关系到算法的实际应用。从图 2.19 和图 2.20 可以看出，采用联合代数重构法时方差随迭代次数先迅速下降，后缓慢下降，最后近乎平行于横轴；而采用阻尼最小二乘法时方差在迭代前几次垂直下降，迅速降低到很小的范围，随后基本保持不变。以上说明了联合代数重构法收敛慢，计算效率低，而阻尼最小二乘法收敛快，计算效率高。

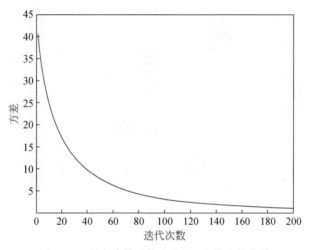

图 2.19　联合代数重构法方差–迭代次数曲线

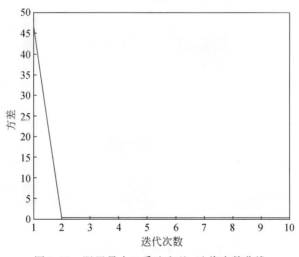

图 2.20　阻尼最小二乘法方差–迭代次数曲线

　　当取 $\mu = 0.5$ 时表示有误差，误差的区间为 ±0.5，此时用阻尼最小二乘法，$\lambda = 10$ 时进行反演，且迭代 20 次，得到计算走时方差为 0.1221，如图 2.21 所示，基本能反映出高速体和低速体，但在一些地方出现了速度扰动。用阻尼最小二乘法，$\lambda = 5$ 时进行反演，迭代次数 20 次，计算走时方差为 0.105，如图 2.22 所示，反演结果分辨率比较好，少许地方出现速度扰动。

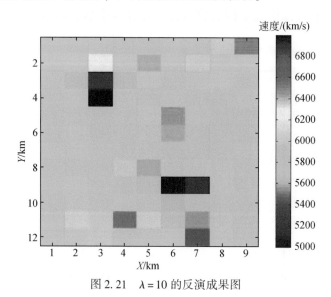

图 2.21　$\lambda = 10$ 的反演成果图

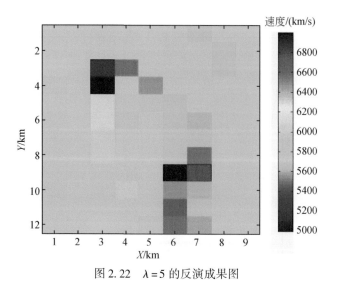

图 2.22　$\lambda = 5$ 的反演成果图

如何选择最优的阻尼系数使方差和速度扰动达到平衡，是阻尼最小二乘法很重要的一步，本书对阻尼系数进行大量实验，在使阻尼系数从 40 不断减小到 1 的过程中，记录出方差和速度扰动曲线图，由图 2.23 可以看出，在阻尼系数为 5 的时候，方差和速度扰动双双达到最小值，可以认为，当阻尼系数为 5 时，反演效果最好。

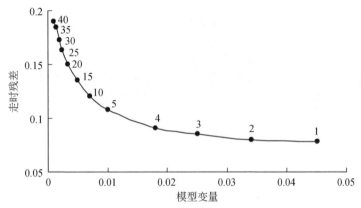

图 2.23　阻尼系数选择（$\lambda = 5$ 为最佳阻尼系数）

2.5.2　三维地质模型层析成像

将三维模型设置为 $30 \times 35 \times 4$ 的网格，地震分布在底层界面上，台站为分布在地表的 15 个台站，速度层分为四层，其中模型内包含一个规则高速体和一个低速体，高速体位于模型偏地表处，而低速体位于模型偏下方处。

从图 2.24 中可以看出，设置的三维模型中上层射线密度较低，而底层射线密度较高，射线基本覆盖了研究区域的大部分网格单元，保证每个网格单元至少有一条射线穿过。

如图 2.25 所示，模型共分为四层：第一层初始速度为 5000km/s，第二层波速为 6000km/s，第三层波速也为 6000km/s，第四层波速为 7000km/s，其中在横坐标 8～11km，纵坐标 2～5km 的地方存在一个贯通四层的高速长方体，波速值为 7000km/s，横坐标 2～5km，纵坐标 9～12km 处存在一个贯通四层的低速长方体，波速值为 5000km/s。

取 $\mu = 0.2$，用联合代数重构法对三维模型进行反演，联合代数重构迭代 200 次，计算走时方差为 1.5021，反演结果如图 2.26 所示，可以看出，高速体（以

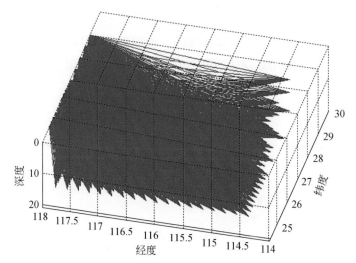

图 2.24　三维模型射线覆盖图

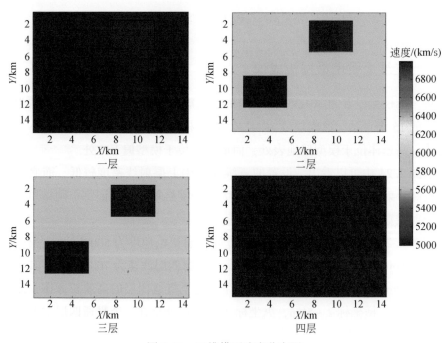

图 2.25　三维模型速度分布图

红色表示）在前三层都有较好的显示，大体轮廓能完全反映出来，第四层因与其速度一致，显示和底图一样；低速体（以蓝色表示）在底层中均反演较好，形状清晰，边缘清楚，但是一层、二层中高速体对周围速度值产生其相反性质的影响，并且影响沿着射线传播方向一直延伸，可能是射线方向过于单一造成的，以后设置模拟地震和台站的时候可考虑方向性多样化更好。

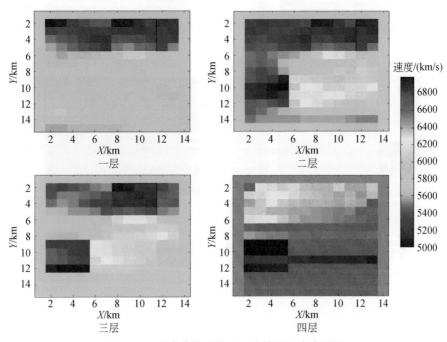

图 2.26　联合代数重构法三维模型反演成果图

从图 2.23 中可以看出，取 $\lambda = 5$ 对三维模型进行阻尼最小二乘法反演，迭代次数为 10 次，计算走时方差为 0.2012，反演结果如图 2.27 所示，阻尼最小二乘法进行反演速度很快，方差减小快，在前几次迭代时就能使方差迅速减小，且反演效果很好，高速体的边缘清晰，轮廓清楚，在三层、四层基本完全能清晰反演出初始模型的结构，比联合代数重构法反演结果更好；在一层、二层上发现，在高速体和低速体边缘也会存在分辨率下降的问题，基本越远离异常体，分辨率越好，且没有清晰反演的地方处于单层模型的中部。对比各层，一层因射线穿透数量较少，出现分辨率明显低于二层、三层、四层，阻尼最小二乘法反演结果对射线穿透路径没有联合代数重构法那样明显的依赖性，所以，阻尼最小二乘法在此种情况下为反演首选方法。

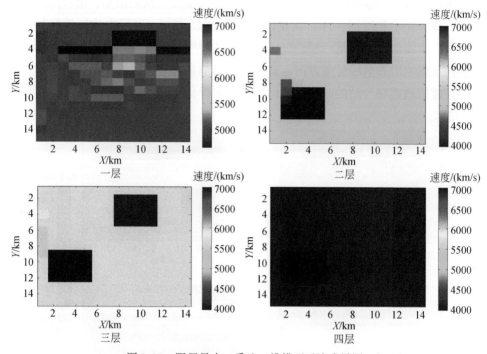

图 2.27　阻尼最小二乘法三维模型反演成果图

第3章　接收函数基本理论

本章主要介绍远震 P 波接收函数相关理论，作为一种提取介质信息的重要方法，其原理简而言之是将原有波形记录中两个水平分量进行旋转，得到径向和切向分量，最后利用原有垂向分量对其作反褶积处理，再去除震源时间函数、仪器响应等"干扰因素"的时间序列，此时的这组时间序列中包含着 P 波传播过程中经过莫霍面和地幔所形成的多次转换波（PpPs、PpSs、PsPs），这些信息通过加权和不断叠加，从而得到有关速度分界面的有用信息（图 3.1）。

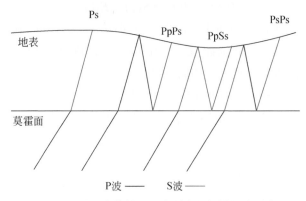

图 3.1　远震 P 波传播过程中所产生的转换波示意图

3.1　接收函数分离

远震体波受到包括震源时间函数、传播路径、台站下方介质结构及仪器响应等多种因素的共同作用，因此采集到的地震数据成为一个由多种信号叠加、混合而成的复杂信号，有效提取地震波中的能够反映地球内部结构等有用信息，是地震学中一项长期的重要的研究工作。然而，无论是震源的混合响应、地下特殊地质结构这些天然的影响因素，还是来自地表的干扰、仪器自身的响应等因素都加剧了问题的复杂程度。简单原始的数字信号处理方法无法满足提取高质量信号的要求，自 20 世纪 80 年代以来，接收函数理论的建立和完善，帮助地球物理工作者从复杂的波形数据中提取出了可以比较真实反映地下介质速度结构等有用信息的数据信号，从而该理论逐渐成为利用远震波形数据研究地壳及上地幔速度结构的有效途径。

Langston 提出了利用"等效震源假定"获得接收函数，用于补偿由震源时间函数不同造成的 P 波波形差异，该假定认为，地震波通过接近垂直方向入射到接收区域时，接收区介质对入射波的脉冲响应的垂直分量可以看作一个狄拉克 δ 函数，即长周期远震 P 波垂直分量可以看作入射到接收区下方介质的入射波。Langston 认为在时间域，一个三分量远震 P 波波形数据，应该由仪器响应、震源时间函数及介质结构响应的卷积共同构成：

$$D_V(t) = I(t) * S(t) * E_V(t)$$
$$D_R(t) = I(t) * S(t) * E_R(t) \tag{3.1}$$
$$D_T(t) = I(t) * S(t) * E_T(t)$$

式中，$D(t)$ 为入射平面 P 波所生产的地表位移；$I(t)$ 为仪器的脉冲响应；$S(t)$ 为入射平面波的有效震源时间函数；$E(t)$ 为介质结构的脉冲响应；下脚标 V、R、T 分别代表地震波的垂向、径向及切向分量；星号为卷积因子。

通过远震事件的理论计算与实际观测结果发现：在单台观测情况下，尖脉冲的时间函数与仪器响应的褶积构成了地表位移的垂直分量，其后接收的震相很小，可以忽略不计。因此认为介质结构响应的垂直分量近似为一个狄拉克（Dirac）函数，表示为

$$E_V(t) \approx \delta(t) \tag{3.2}$$

此时，将地表位移垂直分量作近似，将其看作有效震源时间函数和仪器响应的褶积形式：

$$D_V(t) \approx I(t) \times S(t) \tag{3.3}$$

之后利用 $D_V(t)$ 分别对 $D_R(t)$、$D_T(t)$ 进行反褶积处理就得到了 $E_R(t)$、$E_T(t)$，该反褶积从时间域转换到频率域，在频率域下可以表示为

$$E_R(\omega) = \frac{D_R(\omega)}{I(\omega) * S(\omega)} \approx \frac{D_R(\omega)}{D_V(\omega)} \tag{3.4}$$

$$E_T(\omega) = \frac{D_T(\omega)}{I(\omega) * S(\omega)} \approx \frac{D_T(\omega)}{D_V(\omega)} \tag{3.5}$$

再对 $E_R(\omega)$、$E_T(\omega)$ 进行反变换，转换到时间域后得到所需要的介质结构响应的径向分量 $E_R(t)$ 和切向分量 $E_T(t)$，也是所谓的径向接收函数和切向接收函数。

但该结果并不稳定, 其原因是实际接收到的资料是有限带宽, 且包括随机噪声在内, 不适宜直接运用式 (3.4) 和式 (3.5) 在频率域做除法运算。为保证频率域的稳定, 这里使用了 Helmberger 等提出的稳定算法: 引入水准量 (water level), 即最小可信振幅, 用该水准量取代垂直分量频谱中小于水准量的谱振幅, 压制近零成分, 使得频率域的运算趋于稳定。并且为了除去原始记录中高频假象部分, 常通过脉冲状对称光滑的高斯函数来对频率域中运算的结果作低通滤波, 从而使有效信号宽度得到限制。

改进的频率域反褶积, 高斯滤波过程可写为

$$\bar{E}_R(\omega) = \frac{D_R(\omega)\bar{D}_V(\omega)}{\varphi_{SS}(\omega)} \cdot G(\omega) \tag{3.6}$$

$$\bar{E}_T(\omega) = \frac{D_T(\omega)\bar{D}_V(\omega)}{\varphi_{SS}(\omega)} \cdot G(\omega) \tag{3.7}$$

式中,

$$\phi_{SS}(\omega) = \max\{D_V(\omega)\bar{D}_V(\omega), \ c\max[D_V(\omega)\bar{D}_V(\omega)]\}$$
$$G(\omega) = e^{(-\omega^2/4a^2)} \tag{3.8}$$

式中, $\bar{D}_V(\omega)$ 为 $D_V(\omega)$ 的复共轭; c 为控制谱振幅的水准量常数, 其值为 $0 \sim 1$, 一般根据数据的噪声情况并结合相关经验而选取; ϕ_{SS} 为水准值, 其含义是如果所选取的谱振幅小于水准值, 那么它将会被水准值代替; $G(\omega)$ 为高斯滤波器; α 为控制该滤波器的滤波系数及高斯频谱带宽, α 值越大, 频带越宽, α 值越小, 频带越窄, 其选择需要综合考虑分辨率和信噪比。

对于水准量 α, 要尽量选择合适高斯函数脉冲宽度, 一般要求与实际地震图垂直分量的脉冲宽度相当, 这样可以保证所求取的结果的分辨率较高, 且不含有高频成分, 尽管水准量的引入虽然保证在频率域除法运算的稳定性, 但也在一定程度上降低接收函数的分辨率。为此, 研究人员相继对反褶积方法进行改进, 用于提高台站接收函数的分辨率和测量精度。例如, 刘启元等 (1996) 提出最大或然性估计方法, 从单台三分量远震 P 波波形中分离出接收函数的径向和切向分量。吴庆举和曾融生 (1998) 提出了最大熵谱反褶积方法, 来提取接收函数。还有 Winner 滤波反褶积法 (Gurrola et al., 1995; 吴庆举等, 2003b), 自回归反褶积法, 多道反裙积法 (吴庆举等, 2007), 迭代求解法 (Ligorria et al., 1999) 等, 实践证明, 这些方法都能提高接收函数的测量分辨率和精度。

　　此外，为了消除频率域反褶积计算时造成的误差影响，使排列在一起的远震接收函数具有同等的最大振幅，这里采用归一化处理来校正远震振幅，其优点是使用绝对振幅有效约束了地表速度，但同时也缺失了接收函数原本的绝对振幅。

　　Langston（1979）采用震源等效法，对原有接收函数提取方法进行改进，对水平分量采用原有的方法处理，对垂直分量本身作反褶积变换，再通过垂直分量的反褶积最大振幅，对径向和切向的接收函数作归一化处理，使绝对振幅得以保留。

　　Langston 首先提出远震 P 波褶积模型，然后寻找一个合适的反褶积算子 $R(t)$，将 $R(t)$ 与 $D_Z(t)$ 的褶积后结果作为目标函数 $\delta(t)$，同时利用 $R(t)$ 对 $D_Z(t)$、$D_T(t)$ 分别作褶积，从而得到径向接收函数、切向接收函数。

　　这里将 $\delta(t)$ 也称为零延时脉冲函数：

$$R(t) * D_Z(t) \approx \delta(t)$$

$$\delta(t) = \begin{cases} 1, & t = 0 \\ 0, & t \neq 0 \end{cases} \quad \text{或} \quad \delta(t) = \begin{cases} 1, & t = x \\ 0, & t \neq x \end{cases} \tag{3.9}$$

$$R(t) * D_Z(t) = R(t) * I(t) * S(t) * E_R(t) \approx R(t) * D_Z(t) * E_R(t) = E_R(t) \tag{3.10}$$

$$R(t) * D_T(t) = E_T(t) \tag{3.11}$$

$R(t)$ 作为离散有限长序列：

$$R(t) = x_0, \ x_1, \ \cdots, \ x_{n-1} \tag{3.12}$$

代入式（3.9）：

$$\delta(0) = D(0) \cdot x_0$$
$$\vdots \qquad \vdots$$
$$\delta(n) = \sum D(n-k) \cdot x_k \tag{3.13}$$

利用最小二乘法求解，式（3.13）转化为

$$\begin{bmatrix} a\cdots \\ \vdots \\ \cdots \end{bmatrix} \begin{bmatrix} x_0 \\ \vdots \\ x_{n-1} \end{bmatrix} = \begin{bmatrix} g_0 \\ \vdots \\ g_{n-1} \end{bmatrix} \tag{3.14}$$

式（3.14）为 $D_T(t)$ 自相关函数的 Toepliz 矩阵，g_n 为目标输出函数 $\delta(t)$ 和 $D_Z(t)$ 的互相关函数，可以用 Levinson 递归求解：

$$\begin{bmatrix} a_0 & a_1 & a_3 & \cdots & a_{n-1} \\ a_0 & a_1 & a_3 & \cdots & a_{n-1} \\ \vdots & & & \ddots & \vdots \\ a_0 & a_1 & a_3 & \cdots & a_{n-1} \end{bmatrix} \begin{bmatrix} x_0 \\ x_1 \\ \vdots \\ x_{n-1} \end{bmatrix} = \begin{bmatrix} g_0 \\ g_1 \\ \vdots \\ g_{n-1} \end{bmatrix} \qquad (3.15)$$

$$a_n = \sum_{k=0} D(k-n) \cdot D(k)$$

$$g_n = \sum_{k=0} \delta(k-n) \cdot D(k)$$

3.2　数　据　选　取

地震波形数据是了解地球内部构造的有效途径。当地震发生时，地震波会沿着波前的方向向外扩散传播，当地震波碰到地下界面时，就会发生折射、反射、投射等现象，不仅在传播方向上发生转变，地震波的类型有时也会发生变化。地震的震级越大时，其地震波的能量也越大，所传播的距离也越远。目前，宽频带的地震计几乎可以接收到全球范围内所有震级高于 5.3 级的地震。因此用于作接收函数的地震的震级需要保证在 5.0 级以上，以便接收到的信号是具有较高能量的。

地震按照震源深度分类可分为浅源地震，其震源深度小于 60km；中源地震，其震源深度为 60 ~ 300km；深源地震，其震源深度大于 300km。按照震中距分类：其范围在 10° 以内的天然地震称为近震，地震波主要在地壳和上地幔顶部盖层传播；震中距在 10° ~ 30° 的天然地震称为地方震，地震波的最大穿透深度位于上地幔；震中距在 30° ~ 104° 的天然地震称为远震；震中距在 104° 以外的天然地震称为极远震。此外，由于地球内部软流层等因素影响，104° ~ 140° 为 P 波的隐区，在此范围内无法测到 P 波，104° ~ 180° 为 S 波的隐区，在此范围内无法测到 S 波。

用于作接收函数的地震事件一般为远震数据，因为当地震震中距在 30° ~ 104° 时，地震波到达接收台站下方，可视为陡角度入射的平面波。其原因是体波在地球内部传播时，能量会以封闭的三维曲面的形式向外部传播，这个曲面称为波振面，其形态取决于地球内部介质的地震波速度结构，当地震波传播距离增大后，此时传播距离将远远大于地震波长，波振面可近似为平面。而极远震在传播过程中，要经过一个强反射边界，即核幔边界，这使得先后穿过核幔边界至少两次的极远震到达台站下方时信号能量非常微弱。不但如此，30°～104°的远震的回折点位于下地幔，可避开上地幔过渡带三重相的干扰，所以作接收函数一般选取震中距范围在 30°～95° 的远震。

3.3 *H-κ* 方法

选取合适的地震资料后，通过频率域反褶积提取接收函数，再利用 $H-\kappa$ 方法反演台站下方地壳厚度及平均波速比，从而了解地下结构变化及其空间分布特征。

此外，还可以通过此方法估算地下泊松比，"泊松比"最早是由法国科学家泊松提出，是指材料在某一方向受拉伸或受挤压时，横向正应变与轴向正应变的绝对值的比值，也叫"横向变形系数"，它是反映材料横向变形的弹性常数，由物体本身决定，这里从材料力学中将其引用，因为泊松比对于了解地球内部构成具有很高的研究价值，可以揭示地壳深部介质的一些弹性参数，并用来推测地壳的物质组成，有助于了解地壳的动力学演化过程。

在地震学中，泊松比 σ 可以通过 P 波、S 波速度之比 $\kappa = V_{\mathrm{P}}/V_{\mathrm{S}}$ 来确定，相关资料证明，大陆地区的地壳平均波速比约为 1.73，泊松比约为 0.25，海底基岩地壳波速比约为 1.9，其泊松比约为 0.3。对于 P 波接收函数来说，其转换震相 (P-s) 与多次波转换震相 PpSs 和 PpSs+PsPs 包含丰富的地下介质信息，利用接收函数求得波速比 κ，从而进一步求取泊松比 σ：

$$\sigma = \frac{\kappa^2 - 2}{2(\kappa^2 - 1)} \tag{3.16}$$

Zhu 和 Kanamori（2000）提出计算台站下方 Moho 面深度 H 和平均波速比 κ 的 $H-\kappa$ 方法。频率域内提取接收函数可表示为

$$r(t) = (1 + c) \int \frac{R(\omega) S^*(\omega)}{|S(\omega)|^2 + c\sigma_0^2} e^{-\frac{\omega^2}{4\alpha^2}} e^{i\omega t} d\omega \tag{3.17}$$

式中，$S(\omega)$ 为震源谱；$S^*(\omega)$ 为 $S(\omega)$ 的复共轭；$R(\omega)$ 为接收信号谱；α 为高斯滤波器，用于去除高频噪声；σ_0^2 可以防止解卷积的时候出现极大值，使求解卷积的结果更趋于稳定；c 为水准量。

体波在传播过程中，地下存在不连续界面，会造成体波发生反射、透射、折射等，不仅如此，震相也会随之发生转变，会出现转换震相 P-s 和多次转换震相 PpPs 和 PpSs+PsPs，用 t_{Ps}，t_{PpPs}，t_{PpSs}，t_{PsPs} 表示与 P 波到时的时间差，H 为地壳厚

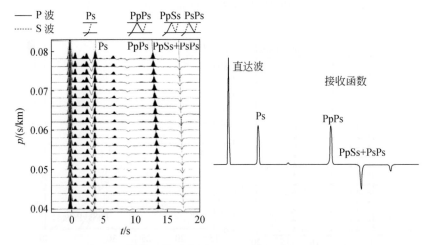

图 3.2　接收函数示意图（Zhu and Kanamori，2000）

度，关系如下：

$$H = \frac{t_{Ps}}{\sqrt{\dfrac{1}{v_S^2} - p^2} + \sqrt{\dfrac{1}{v_P^2} - p^2}} \tag{3.18}$$

$$H = \frac{t_{PpPs}}{\sqrt{\dfrac{1}{v_S^2} - p^2} + \sqrt{\dfrac{1}{v_P^2} - p^2}} \tag{3.19}$$

$$H = \frac{t_{PpPs} + t_{PsPs}}{2\sqrt{\dfrac{1}{v_S^2} - p^2}} \tag{3.20}$$

$$t_{Ps} = H(\sqrt{(v_P/v_S)^2 - p^2 v_P^2} - \sqrt{1 - p^2 v_P^2})/v_P \tag{3.21}$$

$$t_{PpPs} = H(\sqrt{(v_P/v_S)^2 - p^2 v_P^2} + \sqrt{1 - p^2 v_P^2})/v_P \tag{3.22}$$

$$t_{PsPs/PpPs} = 2H\sqrt{(v_P/v_S)^2 - p^2 v_P^2} \tag{3.23}$$

式中，v_P 为地壳中 P 波平均速度；v_S 为地壳中 S 波平均速度；p 为射线参数，当接收台站下方近垂直入射时，射线参数可表示为 $p = r \cdot \sin\lambda/V$。Zhu 和 Kanamori（2000）所提出的 $H - \kappa$ 方法是对一定范围内的地壳厚度 H 和波速比 κ 进行扫描，将其代入式（3.21）和式（3.22）中求得各震相到时，利用倒时差计算震相大小，最后进行叠加计算：

$$s(H, \kappa) = \omega_1 r(t_{Ps}) + \omega_2 r(t_{PpPs}) + \omega_3 r(t_{PpPs+PsPs}) \tag{3.24}$$

式中，ω_1，ω_2，ω_3 为各个震相的加权系数，且 $\omega_1 + \omega_2 + \omega_3 = 1$。

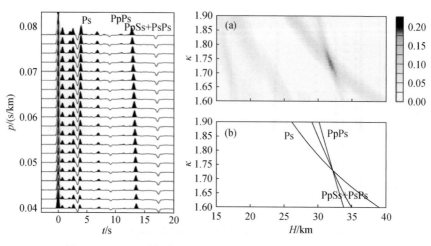

图 3.3　　$H - \kappa$ 叠加方法示意图（Zhu and Kanamori，2000）

如图 3.3 所示，转化波和多次波振幅都较大，当 H 和 κ 在给定范围内取最大值时，说明各个震相到时和真实到时相对应，所得到的 H，κ 也可以看作真实的地壳厚度和波速比，因此 P-s、PpPs、PpSs+PsPs 震相相交于一点的时候，$s(H$，$\kappa)$ 可取得最大值。此时，在对 $s(H$，$\kappa)$ 进行泰勒展开，去高阶项后，得到 $s(H$，$\kappa)$ 的方差：

$$\sigma_{H}^{2} = \frac{2\sigma_{s}}{\dfrac{\partial^{2} S}{\partial H^{2}}} \qquad (3.25)$$

$$\sigma_{\kappa}^{2} = \frac{2\sigma_{s}}{\dfrac{\partial^{2} S}{\partial \kappa^{2}}} \qquad (3.26)$$

第4章　江西地区上地壳速度结构

4.1　资料搜集与整理

观测资料为 2008~2012 年来江西地震台网所收集的江西及邻区的大部分地震事件，台网总数为 24 个，经过选取，确定有完整记录且同时有 4 台以上记录的地震事件有 634 次，地震记录 2457 条，均为清晰 Pg 波，地震事件水平分布如图 4.1 所示。

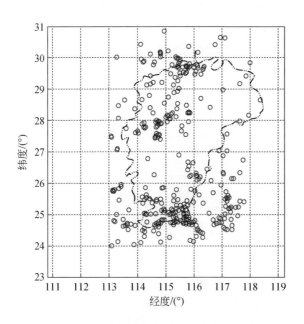

图 4.1　地震事件水平分布图（○代表震源位置）

由图 4.2 和图 4.3 可知，近十年来江西地震事件主要分布在三个较为集中的区域，北部地区以九江为中心，半径为 100km 左右，地震频繁发生，震源深度在 5~15km，可能和该地区地壳处于活跃状态有关；中部地区以北纬 28°，东经 115°为中心，沿萍乡-广丰断裂一带延伸，震源深度在 10km 以内，表明扬子板块和华南板块缝合带存在相互作用；南部地区地震分布较广，震源深度也比较深，最深震源达到23km，最为集中的地方处于安远至寻乌一带。

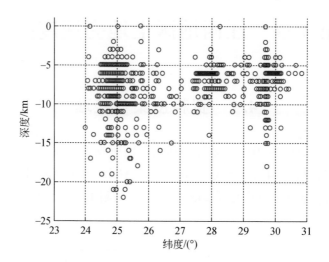

图4.2　地震事件埋深分布图（纬度方向，○代表震源位置）

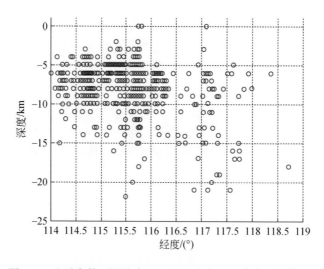

图4.3　地震事件埋深分布图（经度方向，○代表震源位置）

各地震震级情况如下：M_L1.0～1.9级地震251次，M_L2.0～2.9级地震285次，M_L3.0～3.9级地震86次，M_L4.0～4.9级地震12次。具体情况如图4.4所示。

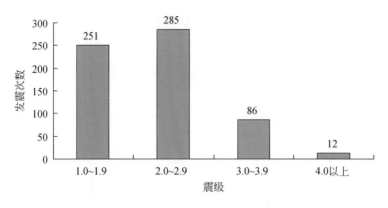

图 4.4 地震震级分布图

4.2 初始模型选择

根据永平大爆破测震资料和台湾–阿尔泰地学断面分析，江西地壳可分为三层：上层为上地壳，波速为 $V_p = 5.2 \sim 6.0$ km/s，层厚 10km 左右，主要由沉积–火山变质岩和花岗岩组成；中层为中地壳，波速为 $V_p = 6.0 \sim 6.6$ km/s 为底界，底界埋深在 20 ~ 25km；下层为下地壳，速度为 6.6 ~ 8.0km/s。经过对比地质资料后仔细研究，设定地壳一维波速 V_p 结构为：第一层深度为 0 ~ 4km，波速为 5.2km/s，第二层深度为 4 ~ 8km，波速为 6.0km/s，第三层深度为 8 ~ 12km，波速为 6.0km/s，第四层深度为 12km 以深，波速为 6.2km/s。考虑到反演方法和资料情况，初始模型划分为 30×35×4 的网格，具体划分见表 4.1 和图 4.5。

表 4.1 P 波初始速度参照模型

层数	层速度/(km/s)	层厚/km	网格大小
1	5.2	4	0.2°×0.2°
2	6	4	0.2°×0.2°
3	6	4	0.2°×0.2°
4	6.2	3	0.2°×0.2°

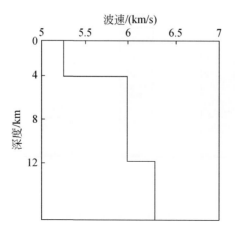

图 4.5　P 波速度初始模型速度

4.3　射线路径分布

根据第 2 章所述的射线追踪方法将 4.1 节的地震事件绘制成射线追踪路径图（图 4.6）。

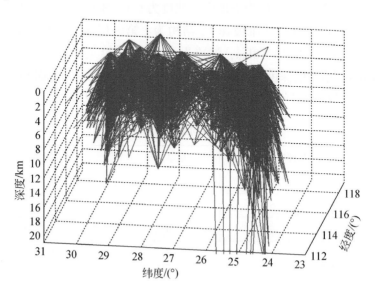

图 4.6　地震射线三维射线路径图

　　从射线水平路径分布图（图 4.7）可以看到，地震事件主要分布在以北纬 27°为界的南北两个区域上，这两个区域射线分布比较密集，而中部射线分布密度比较低。射线覆盖江西省大部分地区，其中东北部地区射线较稀疏，北部较多地集中于九江至南昌一带，南部射线更为密集，多分布在赣南地区，可以判断在江西北部九江至南昌一带，南部赣州至寻乌一带成像质量较好，而北纬 27°附近成像质量较差。

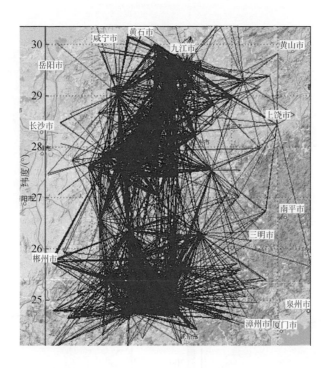

图 4.7　射线路径水平分布图

　　从射线路径纵向分布图（图 4.8）可以看出，北部射线主要分布在深度 10km 以内，但是南部地震事件因震源深度较深而在 10km 以上也密集分布。同样可以看出在北纬 27°的地方，中部震源深度较浅，射线分布较稀疏，射线分布稀疏的地方对成像质量有直接的影响，以后的工作中应加强射线稀疏区域的地震数据采集工作。

　　从图 4.9 可以看出，射线穿透网格次数密度（简称射线密度）分布不均，横向和纵向都有很大的差距，射线最密集的地方是第二层赣南地区和北部的南昌盆地附近，最高密度为 270 次，以这两区域为中心向周围扩展，形成包括大部分江西地区在内的覆盖区域，对比各层的状况可以看出，处于第一层和第二层的射线密度覆盖范围最大，到第三层，随着深度的增加，射线范围缩小，射线穿透次数也急剧下降，最后分为赣南和赣北两个区域，这都是越往深处地震事件越少导致的，这是近震层析成像常见的现象。

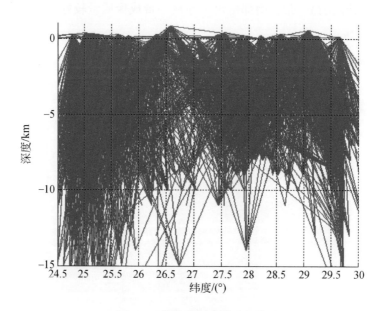

图 4.8　射线路径纵向分布图

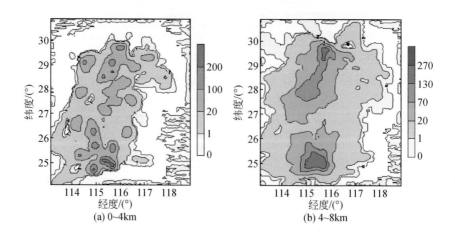

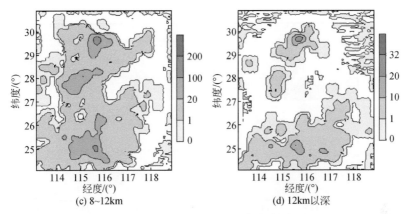

图 4.9　射线穿透网格次数密度图

4.4　检测板测试

检测板测试方法：在模型空间设置正负相间的速度扰动值，相隔 5 个像元设置一个扰动值，并以此点为中心，周围两层以内都与此点的速度扰动值相同，正负也相同，本书采用正负相间 3% 的扰动值，形成国际象棋棋盘一样的正负相间的方格，以此作为模型速度结构，并求其走时，利用阻尼最小二乘法反演后得到结果与其对比。本书反演中，采用的模型在水平尺度上使用格点间距为 $0.2° \times 0.2°$，垂直间距为 4km，反演结果如图 4.10 所示。从图 4.10 中可以看出，根据检测结果，如果反演后的速度扰动和刚开始设置的检测板正负相同，而且速度扰动值接近 3%，则表示在该区域反演结果分辨率比较高，反之较低。

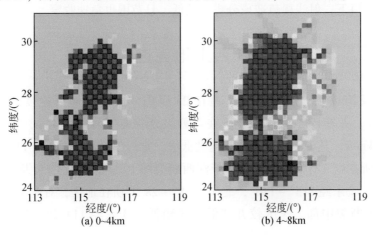

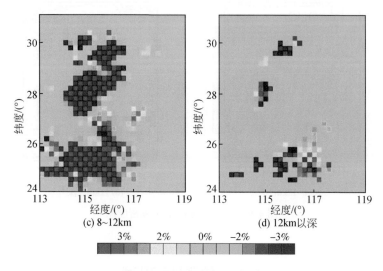

图 4.10　检测板测试结果

从图 4.10 中还可以看出，第一层有较好的分辨率，因为所用的地震资料多为近震数据，在地表的射线覆盖比较密集，所以分辨率比较好，但是该区域由于受到地震台站的限制，只能限于江西境内，边缘区域分辨率较差，几乎没有射线穿过。到第二层的时候，因为震源处于地下深处，且震源一般分布较广，不仅在江西境内，附近地区也有震源分布，该层相较于第一层，范围有所扩大，分辨率很好。随着深度的增加，地震事件有减少的趋势，到达第三层的时候，地震事件密度较低造成第三层射线密度不如第二层密集，分辨率随之降低，且越是边缘地区分辨率越差，但是范围却较第二层广。当到达第四层时，只有少量地震事件发生在 12km 以下，射线稀疏造成分辨率较低，且范围也急速收窄。

4.5　江西上地壳速度结构

经过反演计算，走时计算方差在 2s 以内，得到了如下速度结构模型图（图 4.11）。从图 4.11 可以看出，在江西及邻区地表层 0 ~ 4km，速度基本在 5.0 ~ 5.4km/s，其中有 3 个大块有速度低值，它们分别是：①东经 115.3°，北纬 29° ~ 30°所在位置有低速区，对应于江西断裂图上九江-靖安断裂及附近的断裂发育地区。②东经 115° ~ 116°，北纬 27.8° ~ 28.2°所在地区，对应于江西断裂图萍乡-广丰断裂中部，速度较九江低速区稍低。③东经 114.2° ~ 115.8°，北纬

24.5°~25.8°，在此存在大面积低速区，主要对应于赣南全南-周田、寻乌-全南等多个断裂发育带上，也是地震发生较为密集地区。高速区主要有3个区域，分别是：①东经115.6°~116.2°，北纬28.2°~30°，该地区处于鄱阳湖盆地，在地质图上显示该地区是一陆相盆地和江南地块拗陷带，速度偏高。②东经114°~115°，北纬26.5°~27.5°处于吉安至井冈山一带和东经114.6°~115.2°，北纬26°~27°，地质图上显示两地均为陆相盆地，但被遂川-万安断裂分割开来，形成两处高速区。③东经115.8°~116.2°，北纬25°~26°，此地为一狭长地带，处于赣南低速带靠近武夷山一侧，速度较高。总体说来，图4.11与搜集到的地质资料图对应关系较好。

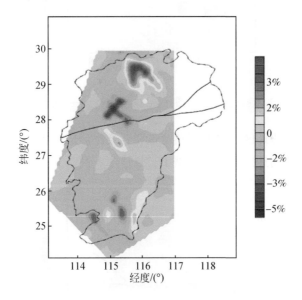

图4.11　速度扰动分布图（0~4km层位，——缝合带位置）

　　图4.12为深度4~8km的地壳结构图，从图上显示，该深度范围内地壳速度变化范围为5500~6300km/s。低速区还是处于第一层所在的3个区域，位置没有太大变化，但是北部和中部地区的低速区有减弱的趋势，而南部的低速区呈现出扩大的现象；北部高速区和中部高速区有联合的趋势，而南部区域的高速区也有联合的态势，表现为高速到低速带的过渡性质。

　　图4.13为深度8~12km的地壳结构图，从图上可以看出，北部低速区继续减小，中部低速区也缩小，也有可能是中部射线震源较浅，在该处射线穿透密度不够导致分辨率下降，从而使该处低速区减小；南部低速区显示没有太大的变

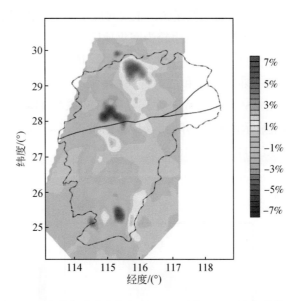

图 4.12　速度扰动分布图（4~8km 层位，——缝合带位置）

化，覆盖了赣南大片地区。中北部高速带联合聚拢形成一大片高速体，但中部地区速度不高，南部高速区面积不断缩小，且速度不高。

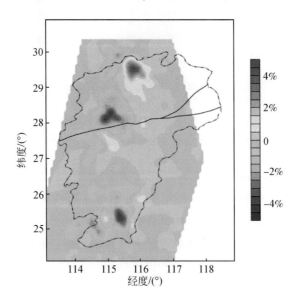

图 4.13　速度扰动分布图（8~12km 层位，——缝合带位置）

图 4.14 为深度 12km 以深的地壳结构速度图，从该图可以看出，随着深度加深，射线穿透该层的数量减少，分辨率大大降低，只有北部地区和南部地区有部分射线穿过，因南部深部震源多，显示出南部地区分辨率高于北部地区分辨率。依然可以从图中发现南部地区的低速区比上一层有扩大的迹象，该地区因发震深度大，低速区大，可能是断裂在深部较为活跃所致。

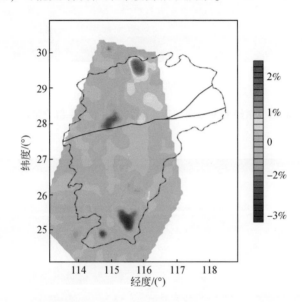

图 4.14 速度扰动分布图（12km 以深层位，——缝合带位置）

图 4.15 为东经 115°纵向切片速度分布图，图中显示，在北纬 23.5°~24.8°处，也就是赣南地区存在着低速区，中部都为波速相对较高的区域，北部 28.0°~28.2°存在较深的低速区，该低速区对应于广丰–萍乡断裂带，在缝合带中部可能存在低速的岩石区。而在切片上显示，南部正好处于低速带中间的高速体上面，切片显示南部速度较高，且此时南部的低速区比缝合带上的低速区速度稍高。中部地区射线密度不足，所以速度接近于初始速度。

图 4.16 显示：在北纬 28°处有明显的低速区存在，北部地区存在较大的高速区域，中南部地区表现出低速区的特征，而南部地区也存在着较大的低速区，主要存在于北纬 25°所在区域。

对江西地区的实际地震资料进行分类整理，提取出震相清晰、走时可靠、分布适合的地震 P 波走时，然后利用阻尼最小二乘法，对整理数据进行反演，得到了与地质资料较吻合的地震 P 波层析成像图。速度结构成像图显示，在北部，以

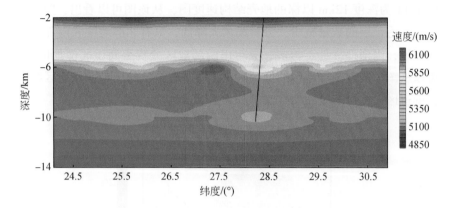

图 4.15　东经 115° 纵向切片速度分布图　(——缝合带位置)

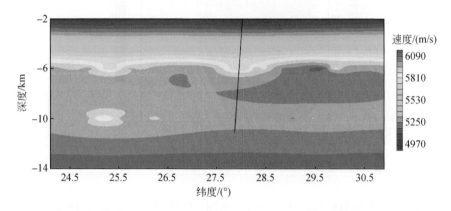

图 4.16　东经 115.6° 纵向切片速度分布图　(——缝合带位置)

九江为中心，沿靖安-九江断裂附近存在一个低速区；扬子板块和华南板块缝合带附近存在大范围的低速带；而南部地区存在较大区域的低速带；在鄱阳湖盆地等处有较大范围的高速区。

第 5 章　苏皖地区地壳厚度及深部特征

　　苏皖地区的地质概况和地质演变在第 1 章中已经有了较为详细的介绍,这里无须重复展开。本章将研究区域设定在以东经 118.5°、北纬 32.3° 为中心,外扩约 270km,涵盖苏皖两省(图 5.1),希望通过 P 波接收函数方法完成对苏皖地区地壳厚度、波速比及泊松比的研究,来分析板块之间应力变化和软流圈对于其上地壳的影响。

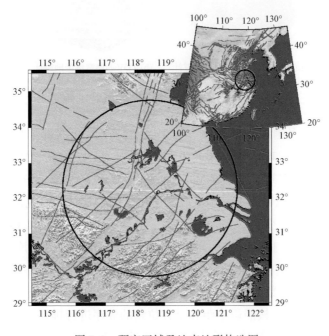

图 5.1　研究区域及地表地形构造图

5.1　数　据　选　取

　　目前,苏皖两省地震监测台站已在"十二五"期间完成了数字化改造,其中绝大多数固定台站安装的是宽频带地震计,部分少数台站为短周期地震计,安徽地区主要安装的是北京港震 BBVS-60 宽频带地震计，而江苏地区安装的多为珠海泰德 TVG-60B/TBG-60B 宽频带地震计（图 5.2），基本实现苏皖两省每个地级市都有至少一个台站，从而确保了研究区域内的台站密度。

(a) EDAS-BS60宽频带地震计　　(b) TDV-60B宽频带地震计

图 5.2　苏皖两省所普遍使用的两种宽频带地震计

本章确定了两条测线（图 5.3），测线 1 沿郯庐断裂带布设，方向为近北东–西南方向（由 JS. DH、JS. SH、AH. JSH、AH. DYN、AH. CHZ、AH. BAS、AH. SCH 组成），主要为了研究郯庐带下方 Moho 面变化，郯庐断裂带是华北地块和扬子地块的"结合线"，所以希望进一步求取波速比及泊松比从而研究两大板块深部碰撞所反映出的应力变化。测线 2 为近东西走向（由 AH. FZL、AH. SCH、AH. BAS、AH. MAS、JS. LIS、JS. XW、JS. NT、JS. QD 组成），该测线主要是研究苏皖地区 Moho 面消薄变化趋势，以及波速比、泊松比变化。从震中分布情况来看（图 5.4），所用数据基本上来自环太平洋地震带附近及喜马拉雅地震带附近，并将所得到的波形按照震中距和反方位角的顺序进行排列，所用台站数据都具有明显且尖锐的 P 波初动，后续的转换波形震相也能够较为清晰地分辨出来，但是不同台站所处的监测环境差异较大，近些年台站周边建设施工及人为因素都对数据的产出质量造成影响，所以各个台站所得到的结果，并不完全基于同一批地震数据，并且地震数目也有较大差异，但从得到的结果来看，牺牲部分台站数据的数量，以确保得到较高质量的拟合结果是非常值得的，并且 H–κ 方法属于单台处理方法，单个台站的结果并不依赖于其他台站。

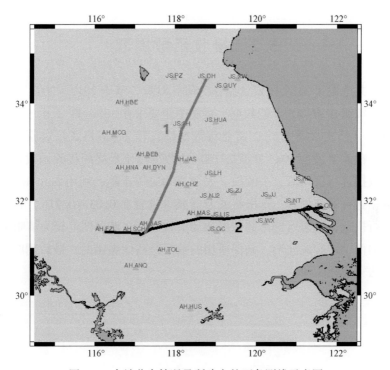

图 5.3　台站分布情况及所确定的两条测线示意图

图 5.4　用于本章研究的地震震中分布图

5.2 接收函数提取

本章一共选取了 31 个固定台站作为研究对象,基于 2012～2015 年的波形数据,挑选出震级在 $M_s \geqslant 5.5$ 的数据,且震中距要求在 30°～90°,由于固定台站产出数据为 seed 格式(图 5.5),需要将数据格式转为 sac 格式,对原始数据进行前期处理,截取 P 波前 50s、P 波后 150s 的数据用于最终的接收函数提取,接下来需要对数据进行去均值、去倾斜、去仪器响应等步骤,利用 butterworth 带通滤波器对数据进行滤波处理,这里将滤波器频率设置在 0.03～0.2Hz,再对分离后的数据进行挑选,要求所选出的数据初动尖锐,能在波形图上较为清晰地看到 Ps 波和后续的两个多次波波形,确保所用的数据是高信噪比的,最后用时间域迭代反褶积算法完成相关研究。

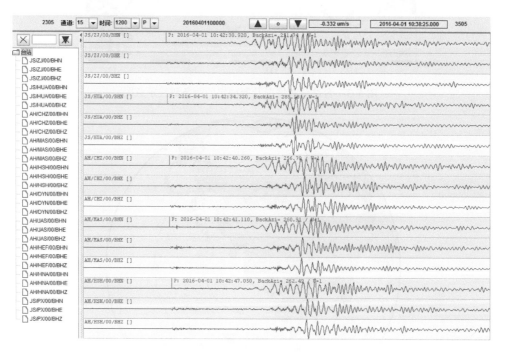

图 5.5　固定台站接收到的远震原始波形

选取 25 个台站,对其接收到的地震事件进行接收函数提取和 Ps 时差校正,并对每个台站作叠加得到一个平均接收函数道,再将每道按照台站排列,得到

图5.6，图5.6 可以清晰地反映出 Ps 震相及后续转换波信息，其中 Moho 震相出现在 4.5~6s 处，由于研究区域地表地貌高程有差异，本组震相明显出现起伏，TOL 台站、SCT 台站及 FZL 台站处的震相有明显抬升，其中 FZL 台站位于大别山深处，估计是地下存在大规模山根造成 Moho 面下凹所致。

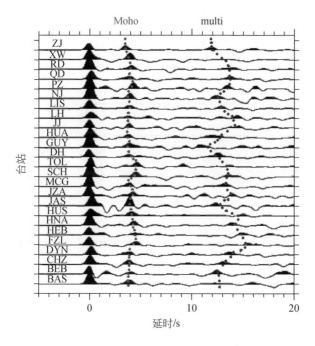

图5.6　部分台站提取接收函数后的叠加示意图

5.3　*H-κ* 叠加扫描

在本书关于接收函数理论介绍中已提及接收函数数据选取在 30°~90° 可以保证远震 P 波到达台站是以近似垂直方向入射的，当地震波到达 Moho 面时，原有波形会转化为 S 波和后续的多次波，这些转换波和 P 波到时与其在地下介质中传播时的速度和 Moho 面深度密切相关。这样可以利用转换波的震相叠加后的振幅最大的原理，获取地壳厚度 *H* 及波速比 *κ*。本章将 Ps 的加权系数设置为 0.6，PpPs 的加权系数设置为 0.3，将 PpSs+PsPs 的加权系数设置为 0.1，地壳搜索范围为 20~50km，波速比搜索范围设为 1.5~1.9，求取 Moho 面厚度 *H* 和波速比 *κ* 之后，在利用式（3.16）求取泊松比 *σ*。

以下为通过 *H-κ* 方法完成的地壳厚度及波速比叠加图，这里选取 4 个台站的叠加结果（图 5.7，图 5.8，表 5.1）。

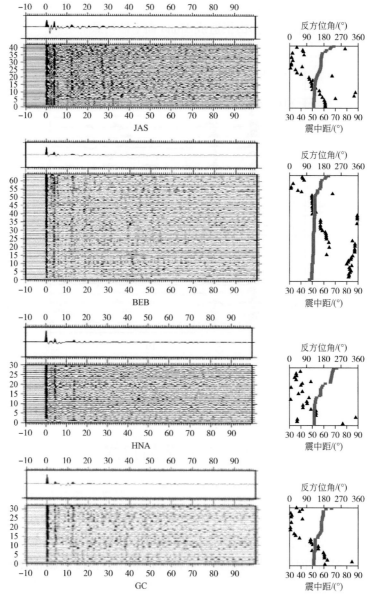

图 5.7　选取的 4 个台站接收叠加波形和反方位角排列

左边为 JAS、BEB、HNA、GC 对接收到的事件作接收函数提取后的排列及最终的波形叠加；

右边为事件所对应的反方位角（红）和震中距（黑）排列

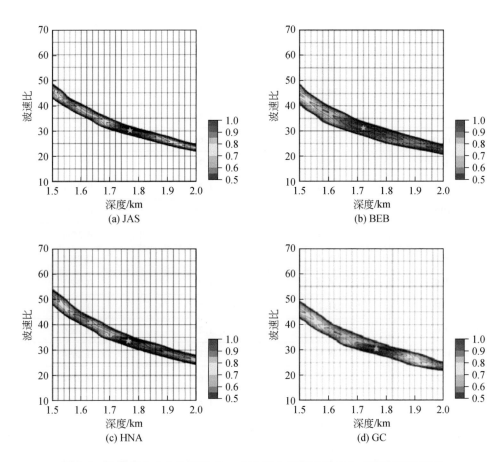

图 5.8　选取的 4 个台站通过 H-κ 方法拟合后得到的 Moho 面深度与波速比
绿色五角星为最终得到的 H-κ 叠加结果，由于部分台站数据质量较差，
从图（d）中可以看到图形出现扰动，红色聚焦相对分散

表 5.1　各台站地壳厚度、波速比及泊松比汇总表

台站编号	地壳厚度 H/km	波速比 κ	泊松比 σ
ANQ	33.0	1.75	0.2576
BEB	31.2	1.72	0.2447
FZL	36.6	1.77	0.2656
HNA	33.6	1.76	0.2616
JAS	30.2	1.77	0.2656

台站编号	地壳厚度 H/km	波速比 κ	泊松比 σ
MAS	38.0	1.63	0.1982
BAS	34.4	1.65	0.2097
CHZ	32.2	1.72	0.2447
DYN	35.8	1.64	0.2041
JZA	35.2	1.71	0.2401
MCG	31.6	1.73	0.2491
HBE	34.4	1.78	0.2694
HUS	35.4	1.74	0.2534
SCH	35.4	1.74	0.2534
TOL	34.0	1.73	0.2491
DH	31.2	1.71	0.2401
GC	30.4	1.77	0.2656
HUA	28.6	1.78	0.2694
JJ	35.8	1.66	0.2152
LH	25.9	1.84	0.2904
LIS	30.0	1.78	0.2694
NJ	30.8	1.75	0.2576
NT	24.6	1.68	0.2256
PZ	32.8	1.75	0.2576
QD	20.0	1.80	0.2768
RD	25.4	1.74	0.2534
SH	31.6	1.79	0.2732
WX	31.6	1.77	0.2656
ZJ	33.6	1.72	0.2447
GUY	30.0	1.73	0.2491
XW	32.2	1.74	0.2534

5.4　结果与讨论

5.4.1　测线 1——郯庐断裂带地壳厚度分段性分析

郯庐断裂带作为两大板块的缝合线，具有明显的分段性特征（测线 1，图 5.9），以 DNY 和 JSH 台站为界可以将整个苏皖地区的郯庐断裂带划分为南段和中段，DYN 与 JSH 台站之前存在一个明显的坡度，且左侧的地壳厚度明显大于右侧，其原因可能是郯庐断裂带南段受大别山造山带巨大山根影响，整个地壳厚度增加，而右侧对应着苏鲁造山带，前人研究表明苏鲁造山带其山根已被地下软流圈侵蚀，所以郯庐断裂带中段地壳厚度没有表现出高值。

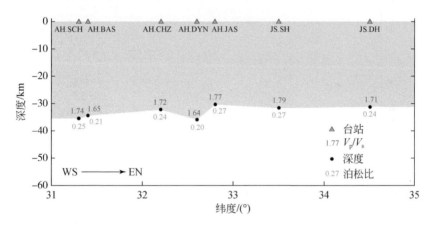

图 5.9　沿郯庐断裂带向（测线 1）结果（Moho 面深度、波速比、泊松比计算结果）示意图

波速比在测线中段处有较大起伏，如 DYN、BAS 台站下方波速比为 1.64、1.65，明显低于其他地区，其主要可能是地壳内的矿物组成成分出现区域分布变化，部分地区铁镁质及石英含量较高所导致，但从泊松比来看，郯庐断裂带两侧台站下方其泊松比在 0.21 ~ 0.27，与该断裂带走滑受力的整体背景相一致。

5.4.2　测线 2——华东地区东西向地壳趋势变化分析

从所反演的结果来看，尽管苏皖地区地处三个构造一级单元之上，但其 Moho 面深度并没有体现出剧烈的起伏（图 5.10），从东西向测线 1 的 Moho 面深度情况看（图 5.10），自东向西呈现出了从内陆向海岸地壳逐渐变薄的趋势，且

XW 台站（东经 120° 以东）向东，地壳明显变薄，QD 台站的地壳厚度仅为
20km，安徽西南部大别山附近区域，地壳厚度相对较厚，厚度约在 38km，安徽
南部完全属于扬子地块，但该区域仍有大型山脉分布，其地壳厚度也在 34km 左
右，苏皖平原丘陵地区的地壳厚度在 30 ~ 34km，波速比基本维持在 1.70 ~ 1.78，
在个别区域可能出现高值和低值，具体来看，利用 FZL 台站数据反演大别山附近
台站下方地壳厚度较厚，其数值为 36.6km，利用 BEB 台站数据算出合肥盆地地
区地壳厚度较浅，其数值为 32.5km。进入扬子地块后，地壳厚度逐渐出现了变
薄的趋势，上海及江苏沿海地区的地壳厚度明显变薄，部分地区的地壳厚度在
30km 以下，另外尽管地壳厚度变薄，但其波速比仍然出现了较高的数值。

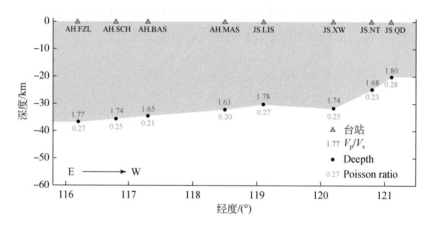

图 5.10　东西向（测线 2）结果（Moho 面深度、波速比、泊松比计算结果）示意图

5.4.3　苏皖地区地壳板块整体特征性分析

通过张性样条网格法完成苏皖地区整体地壳厚度变化分析（图 5.11），直观
来看，地处我国中东部的苏皖地区，整体地壳厚度趋势仍然表现为自西向东逐渐
变薄，郯庐断裂带将安徽地区整个区域分为两个板块，北部属于华北板块，地壳
厚度基本在 30km 以上，与华北克拉通整体地壳厚度相似，地壳厚度最厚的地区
位于大别山造山带范围内，其值在 35 ~ 40km，位于板块边界的合肥盆地壳也相
对较厚，其值在 35 ~ 36km，随着向东南部延伸，扬子板块地壳厚度明显低于华
北地块，但安徽地区所在扬子地块相对于江苏地区来说，仍然表现为高值。江苏
地区地壳厚度表现为，靠近沿海其地壳厚度开始明显减薄，出现 30km 以下的低
值，此外，还表现为整体苏南高于苏北，并且在江苏中西部地区出现了 Moho 面

相对较深的情况。

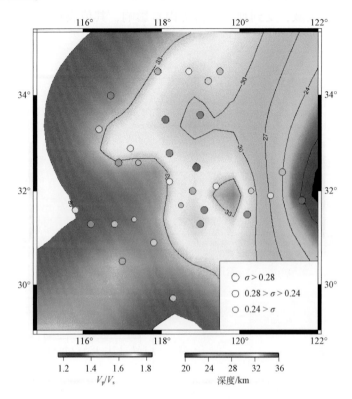

图 5.11　地壳厚度、波速比及泊松比示意图

颜色变化代表地壳厚度变化；圆圈的大小代表泊松比范围；圆圈内部颜色代表波速比变化

　　大陆地壳岩石性质与泊松比存在一定的关联，依铁镁质含量增加、中酸性成分的减少，地壳岩石泊松比被划为四类：$\sigma < 0.26$、$0.26 \leqslant \sigma < 0.28$、$0.28 \leqslant \sigma < 0.30$、$\sigma \geqslant 0.30$，其数值的递增基本对应着岩石成分从酸性、中性至基性、超基性，从表 5.1 中的波速比的情况来看，其数值基本在 0.24 ± 0.04，属于酸性偏中性。

　　从得到波速比插值分布情况来看（图 5.12），波速比变化范围集中于 1.68 ~ 1.78，部分区域出现了低值或高值，安徽地区差异性较大，其中东部主要表现为异常低值，数值在均在 1.72 以下，是两大板块的交会地区，属于走滑加逆转断层的应力交会部，而安徽整体大部分区域却呈现出遍高值，这种差异性的地壳速度比反映出安徽地区依然处于一个较强的应力转换区，是未来地震可能高发的关注区域。江苏北部区域受华北板块的控制，与安徽地区波速比呈现出近似的特征，进入扬子地块后逐渐体现为低值，华东南部地区（江苏东南部），可能因为位于冲积扇平原区域，受到地壳减薄等因素影响，其值表现为较高的异常分布特征。

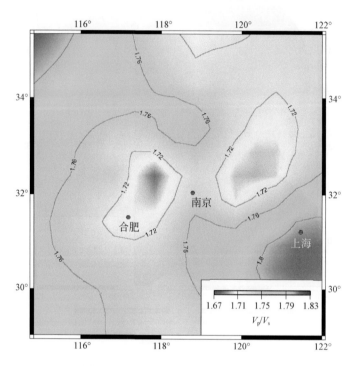

图 5.12　苏皖地区波速比插值分布图

红色区域为低速异常，蓝色区域为高速异常

　　结合相关动力学信息发现，苏皖地区主要由 3 个块体拼接而成，在中生代到新生代经历了多期的构造岩浆运动，其地壳部分可能经过多个复杂的构造运动，江苏地区主要处于扬子地块，该地块在晚古生代期间，构造演化相对稳定，没有发生明显的挤压和拉张现象，沉积也主要呈现出海陆交替的特征。而到了晚三叠世，扬子地块与华北地块发生碰撞，在缝合线附近出现了一系列褶皱和推覆构造，造成震旦系到中三叠统的底层相关叠加，中生代时期，该地区以中酸性岩浆作用为主。之后的晚白垩世至新生代，欧亚板块和古太平洋板块相互作用，造成苏北地区以陆相沉积为主，并形成了一个拉张盆地；江苏地区大部分区域都属于扬子地块，而安徽地区横跨 3 个构造单元，所以安徽地区相对于江苏地区情况要复杂一些，扬子地块属于主动地块，并且俯冲至华北地块下方，并在地块边缘上隆形成大别山超高压变质带，从而使大别山邻区的地壳厚度由扬子地块的 35km 左右增加到晓天–磨子潭断裂下的 42km 左右，而华北地块地壳厚度呈现出变薄的特征，其主要原因可能是软流圈物质上涌，激活华北地区岩石圈，使相对稳定的华北克拉通地壳褶皱变形，最终导致岩浆活动活跃、地壳减薄，造成地震频繁发生，地面发生沉降的现象，合肥盆地正是在这样的地质作用下形成的。

　　求取 Moho 面深度是为了了解地下构造变化情况，而进一步求取波速比乃至泊松比则是为了能更好地研究造成这种构造变化的成因和与地球动力学的内在关系，地壳物质的构成主要来源于下地壳，利用对新生代碱性玄武岩出露地表的地壳及地幔包体，分析有关下地壳和地幔物质构成是一种可行的办法，但地表出露物质包体是十分困难的，野外也不常见到，所以通过地震学方法测定台站下方的泊松比和波速比，从而通过地下波速分布反推物质构成及不同块体之间的应力变化，才是研究深部地下介质的理想方法。

第6章 安徽地区上地壳波速分布与构造特征

6.1 研究区域地震背景介绍

安徽是我国地震活动较为频繁的地区之一，历史上曾发生多次破坏性地震，本章选取了近几年内中强地震频发的部分区域（主要为安徽地区，北纬31.00°~33.50°，东经115.00°~119.00°）作为研究对象（图6.1），该区域从构造地质和动力学角度来看，受到欧亚板块、印度板块、太平洋板块、菲律宾板块的联合作用，导致大华北南部呈现出几种不同的地质构造特征，其北部为淮北平原，西部为大型山脉，南部为丘陵地带，中部斜穿郯庐断裂带中南段，此外，安徽沿江中新生代盆地位于大别山造山带的南缘，为先挤压、后伸展所形成叠合盆地。正是由于存在这种截然不同的区域构造特征，其地下波速差异也十分明显，近些年针对该区域的相关地下波速研究工作也未曾中断。

2014年，安徽六安霍山一带中小震频发，形成了一个明显的"震情窗"，并在2014年4月20日发生了4.3级地震，此后，2015年3月14日阜阳市再次发生4.3级地震，这种频繁的地震活动异常往往揭示着地壳应力发生变化，而地壳应力变化与上地壳速度具有一定的对应关系，因此，对大华北南部地区上地壳开展较高精度层析成像工作是十分有必要的，再结合地球动力学相关信息，从而深入了解大华北南部地质构造特征，分析地下速度差异成因，希望能借此为大华北南部地震形势分析提供重要参考。

6.2 数据选取及处理

层析成像研究一般要求震源和接收源均不能在所剖分的网格之外，所以必须收集到足够多的近震Pg波到时数据，才能确保工作的正常进行，尽管安徽、江苏地区近年来并没有出现较大的浅源地震，但"霍山窗"的再次开窗为本章研究提供了天然的数据源，从历史震例来看，"霍山窗"开窗后，常会出现小震月

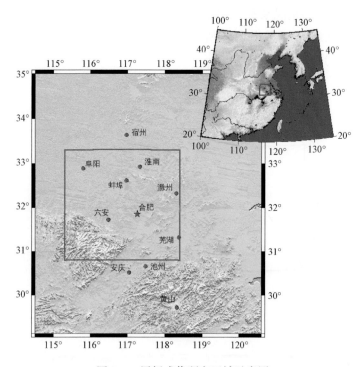

图 6.1　层析成像研究区域示意图

频次超过 40 次的情况，且每当这种情况出现后，华东地区佛子岭附近还会在未来 3 个月内存在着一定的中强地震对应关系。

本章用于上地壳层析成像研究的 Pg 波到时数据包括 2010～2014 年，安徽、江苏、河南、浙江共 56 个台站所记录的近震，此外还加入了 1976～2009 年震源在霍山地区的部分重要地震作为补充，通过编写 shell 脚本提取走时、方位角、地震事件及台站信息等重要参数，最终形成了时间跨度为 1976～2014 年，覆盖范围达到 5 个经纬度以上的共 25483 条 Pg 波走时数据。

经过多次实验，在反演中将最小台站和最小事件数均设为 4，从而保证每个台站接收的 Pg 射线数都≥4 条，且同一个地震至少有 4 个台站记录到 Pg 波，走时残差≤2.0s，最终从 25483 条 Pg 波到时数据中，得到 4922 条 Pg 波到时数据用于最终的反演。通过对 Pg 波走时随震中距变化进行拟合，结合相关地质资料，得到模型初始平均速度为 6.50km/s。

从图 6.2 中可以看出，最终用于反演的 2237 地震事件，其深度基本在地下 10km 的范围以内，共 1988 个事件，其余事件分布在地下 10～40km，从图 6.3 中的水平方向地震分布情况来看，地震事件主要集中于大别山造山带北缘与华北地块的交会处，也就是"霍山窗"所在的区间内（北纬 31.0° ~ 31.83°，东经 115.0° ~ 116.5°）。

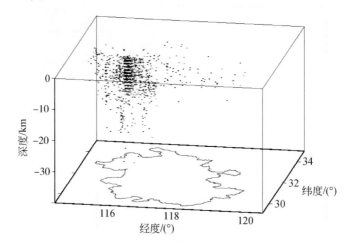

图 6.2　地震震源三维分布图

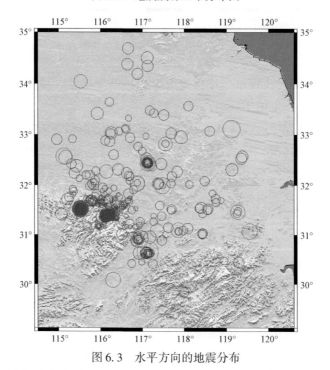

图 6.3　水平方向的地震分布

蓝色圆圈代表震级小于 Ms3.0 的地震，红色圆圈代表震级大于 Ms3.0 的地震从射线分布情况看（图6.4），研究区域内所覆盖的射线密度较大，重点研究区域射线覆盖密集，最大限度地防止了反演后研究区域内出现明显的"孔、洞"。

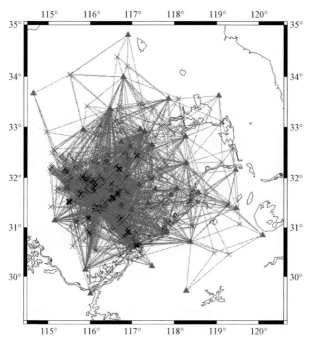

图6.4　研究区域内 Pg 波射线密度及射线分布

黑色的×代表震中位置，红色△代表台站位置，蓝色线段代表射线路径

6.3　检测板测试

为了确保反演结果可信，这里设计"分辨率检测板"对成像结果的分辨率进行讨论，将初始速度模型中每个网格的慢度设置为大小相等、正负相反，使其形成一个类似"国际象棋棋盘格"分布模式，在此基础上进行正演计算，将其结果作为观测旅行时，人为设置0.1s的拾取误差用于反演计算，试图通过反演得到起初正负相间的速度模型，从而对反演能力和反演分辨率作出评估。

通过设置不同参数，选取网格间距设置在15′×15′和10′×10′进行测试（图6.5，图6.6），阻尼系数为200，迭代次数为60，在这种两种情况下，研究区域西北部都可以很好地反演出正负相间的初始模型，但对于研究重点区域（北纬30.8°～32.3°，

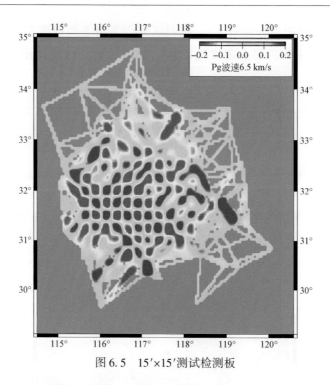

图 6.5 15′×15′测试检测板

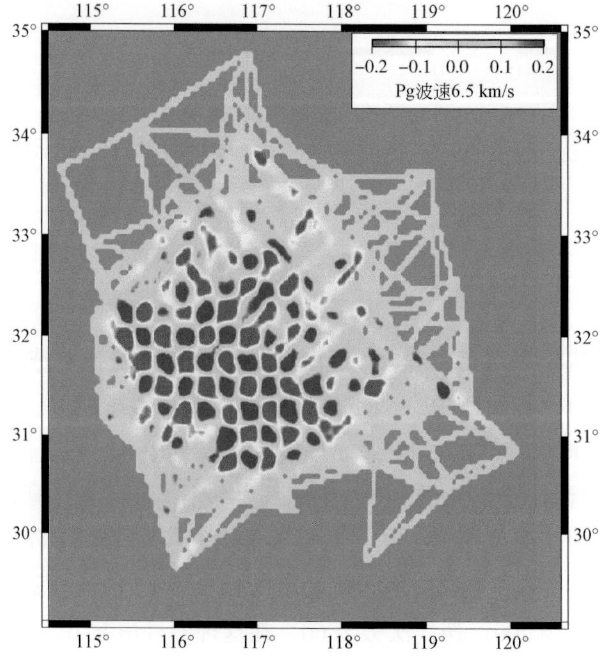

图 6.6 10′×10′测试检测板

东经 115.3° ~ 118.4°)，10′×10′的检测板出现较为明显的扰动，其原因可能是网格变小，导致部分网格中没有足够的射线通过，最终仍然选 15′×15′的分辨率检测板，该检测板在 80% 以上研究区域范围内成像清晰，分辨率较高，可以用于反演真实的上地壳波速分布情况。而在皖北、皖南部分地区及苏皖交界一带可能是射线覆盖较为稀疏，造成了分辨率检测板在该区域出现扰动及模糊的情况。

6.4　上地壳波速反演结果

6.4.1　误差分析

完成反演工作后对残差标准差进行了分析，并且计算了反演前后走时残差的标准差，反演前其标准差为 0.50s，反演后走时残差的标准差下降到了 0.31s，图 6.7 (a) 为反演前走时残差的分布情况，走时残差在 130km 后出现了明显发散，图 6.7 (b) 中反演后的走时残差相较于反演前明显趋于收敛。从事件项、台站项校正图中看以看出 (图 6.8，图 6.9)，由于大别山附近存在大规模山根，负值相对较为集中，且震源主要集中在大别山与华北地块结合带附近。

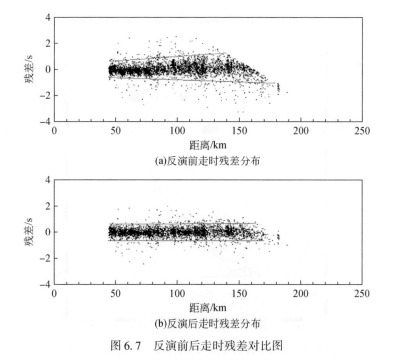

(a)反演前走时残差分布

(b)反演后走时残差分布

图 6.7　反演前后走时残差对比图

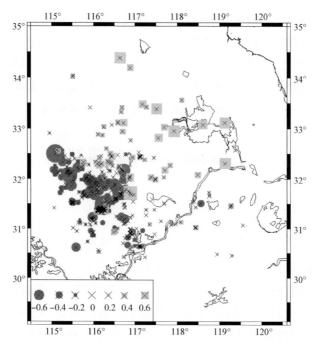

图6.8 事件项校正（蓝色代表正值，红色代表负值）

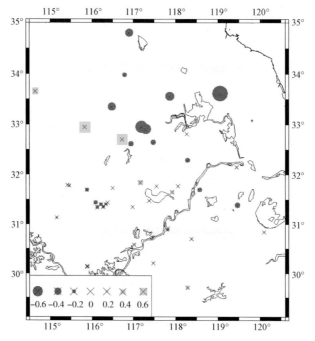

图6.9 台站项校正（蓝色代表正值，红色代表负值）

6.4.2　反演结果讨论

将这些速度异常区用英文字母（A、B、C、D、E、F）进行标注。其中上地壳 Pg 波速异常的最高值出现在研究区域的西北部的 A 区，即淮南以西、六安以北、阜阳以南的区域内，其最高速度异常值到达了 +0.48km/s。两个明显的低速异常区 B 区和 D 区，其负的异常高值均到达了 −0.40km/s 以上，其中 B 区恰好对应着合肥盆地，D 区位于六安以南，属于华北地块南缘向大别山造山带的过渡地带。E 区和 F 区位于扬子地块南缘，其地表地貌为平原及丘陵，另外，F 区的低速异常反映出宁芜盆地，但 F 区位于研究区边缘，射线覆盖有限，可能存在多解性。

这里并不以字母的前后顺序逐一进行讨论，而是更多地从彼此的对应关系或地球动力学角度去探讨（图 6.10）。

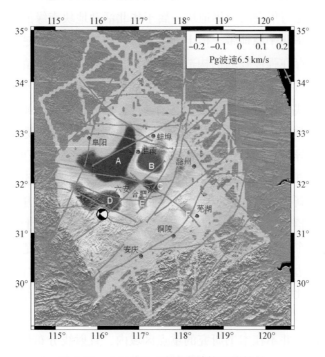

图 6.10　上地壳 Pg 波速度结构反演结果

安徽地区位于郯庐断裂带中南段，其周缘发育有断陷盆地，这既是在延展构造背景下形成的，同时也是岩石圈减薄的浅部影响。B 区对应的是合肥盆地，主要表现为一个低速异常区。白垩纪中期，华北克拉通在岩石圈减薄的背景下浅部出现了伸展运动，而合肥盆地因早期克拉通内部不同走向的断裂发生断陷而形成的断陷盆地与华北克拉通岩石圈减薄的整体背景相一致。

C 区的左侧为一东西走向的高速异常区，并且被夹于 B 区、E 区两个低速异常区之间，同时 C 区为多条断裂带汇聚交错的区域，包括郯庐断裂带南段、肥中断裂、落儿岭–土地岭断裂等，该区域主要处于华北断块区的东南缘，其东南部与下扬子断块区相截接，西南与秦岭–大别断褶带相截接。相关资料表明，华北地块的南缘存在不稳定的边缘盆地，且与扬子地块北缘的震旦纪至早三叠世海盆相对应。C 区的右侧也存在一个速度相对较低的高速异常区，基本与郯庐断裂带走向相同，从对应情况来看其地表应该属于张八岭隆起，该构造位于构造转换部位，属于华南地块和华北地块碰撞拼接带，其西为郯庐断裂带，东缘属于扬子地块盖层前陆的逆冲褶皱带，存在着自北向南的推覆倒转构造。

A 区地处华北与华南的交界地块，属于华北活动地块南缘的阜南–霍邱地区，尽管地表地貌为华北平原地带，但上地壳成像表现为较强的高速异常区，该区域在晚更新世以后存在强度较弱的构造变形现象，主要表现为地壳能量被缓慢释放及相应断裂发生微弱活动，研究区地壳晚第四纪以来具有微弱活动性，且主要表现为蠕滑活动方式，该区域呈现出较高的速度异常，可能是大别山造山带的入侵华北地块边缘所致，尤其是上地壳受到挤压造成。D 区主要受大别山造山带控制，表现为低速异常区，其边界为构造转折部位，相关资料证明其造山期之后，以罗田穹窿为核部的地层出现伸展滑脱构造，并可能持续延伸至下地壳。

安徽沿江中新生代盆地位于大别山造山带的南缘，为先挤压、后伸展形成叠合盆地，该区域恰好处于 D、E 两区的南部，表现为高低速过渡区（偏低速），并且与扬子地块东北缘边界走向相一致，从图 6.10 中可以清楚地分辨出华北板块和扬子板块的边缘，且研究区域内的华北板块东南缘表现为偏高速的异常区，而扬子地块的东北缘则主要表现为偏低速的异常区，这种地块结合处两侧差异成像结果也可能暗示着两个地块受力情况有所不同。

尽管皖南地区并不在本书研究的重点区域内，且射线分布情况也不理想，检测板中该区域出现了较为明显的扰动情况，但从最终的成像情况来看，还是能看到该区域呈现出了高速异常分布的特征，将其对应于地表地貌来看，此地多为山岭沟壑，九华山等著名的山脉都分布于此地。

此外，成像的结果显示，大别山造山带下方并没有反演出明显的高低速异常，其速度变化不超过平均速度的±0.15km/s，仅在大别山与华北地块的交接带上（D区）出现了一个明显的低速异常，这打破了以往层析成像工作中存在的一个惯性思维，即"高速为山，低速为谷"，并且证实了大别山高压、超高压变质带下方并不存在大规模高速体的重要论断。

　　从安徽近期地震分布情况来看，较大的地震基本上均发生于速度异常区的边界区域，如"霍山窗"位于D区低速异常区的东南边界，阜阳地震位于A区高速异常区西北边界，肥东地震恰好位于C区、E区两个正负速度异常区的过渡带上。尤其是2014年4月20日的霍山 M_s4.3 地震，从震源分布情况来看，霍山地震震源所在位置在D区低速异常区的南部边缘，属于大别山造山带与华北地块的交会处，而从震源机制求解情况来看，此次地震主要是当地东西向的近水平挤压与南北向近水平拉张作用所引起的，属于能量聚集与应力转换的部位。综上研究，再次说明了那些地下波速的转换带同时也是地质构造上的不稳定带，易发生应力的转换和能量集聚，是后期相关研究需要关注的重点区域。

参 考 文 献

曹忠祥. 2007. 合肥盆地白垩纪伸展构造格局. 南京大学学报（自然科学），43（5）：526-534.

陈焕疆，朱夏. 1986. 板块构造与中国油气矿床远景预测. 北京：地震出版社.

陈立华，宋仲和. 1990. 华北地区地壳上地幔 P 波速度结构. 地球物理学报，35（5）：540-546.

丁韫玉，狄秀玲，袁志祥，等. 2000. 渭河断陷地壳三维 S 波速度结构和 V_p/V_s 分布图像. 地球物理学报，43（2）：194-202.

董树文，吴宣志，高锐，等. 1988. 大别造山带地壳速度结构与动力学. 地球物理学报，41（3）：349-361.

段永红，张先康，方盛明. 2002. 华北地区上部地壳结构的三维有限差分层析成像. 地球物理学报，20（3）：362-369.

高尔根，徐果明，蒋先艺，等. 2002. 三维结构下逐段迭代射线追踪方法. 石油地球物理勘探，37（1）：11-17.

龚辰，李秋生，叶卓，等. 2016. 远震 P 波接收函数揭示的张家口（怀来）—中蒙边境（巴音温多尔）剖面地壳厚度与泊松比. 地球物理学报，59（3）：897-911.

何建坤，刘福田，刘建华，等. 1998. 东秦岭造山带莫霍面展布与碰撞造山带深部过程的关系. 地球物理学报，41（S1）：64-69.

洪德全，王行舟，李军辉，等. 2013. 利用远震接收函数研究安徽地区地壳厚度. 地震地质，35（4）：853-860.

侯明金. 2007. 郯庐断裂带（安徽段）及邻区的动力学分析与区域构造演化. 地质科学，42（2）：362-381.

胡博，张岳桥. 2007. 安徽张八岭隆起东缘基底走滑韧性剪切带的发现及其构造意义. 地质通报，26（3）：58-63.

胡红雷. 2014. 苏北地区前陆变形构造特征与形成机制. 合肥工业大学硕士学位论文.

黄汲清，任纪舜，姜春发，等. 1980. 中国大地构造及其演化. 北京：科学出版社.

黄荣. 2014. 中下扬子板块及周边地区地壳上地幔结构和构造的地震学研究. 中国地质大学博士学位论文.

金安蜀，刘福田，孙永智. 1980. 北京地区地壳和上地幔三维 P 波速度结构. 地球物理学报，23：172-182.

黎源，雷建设. 2012. 青藏高原东缘上地幔顶部 Pn 波速度结构及各向异性研究. 地球物理学
　　报，55（11）：3615-3624.

李翠片. 2014. 青藏高原东北缘壳内低速层及 Moho 面性质研究. 中国地震局兰州地震研究所
　　硕士学位论文.

李强，王椿镛，刘瑞丰，等. 1999. 应用层析成像技术研究华北地壳速度结构. 地震地磁观
　　测与研究，20（5）：88-97.

刘建华，刘福田，孙若昧，等. 1995. 秦岭—大别造山带及其南北缘地震层析成像. 地球物
　　理学报，38（1）：96-54.

刘启民，赵俊猛，卢芳，等. 2014. 用接收函数方法反演青藏高原东北缘地桥结构. 中国科
　　学：地球科学，44（4）：668-679.

刘启元，Kind R，李顺成，等. 1996. 接收函数复频谱比的最大或然性估计及非线性反演. 地
　　球物理学报，39（4）：502-513.

刘启元，陈九辉，李顺成，等. 2000. 新疆伽师强震群区三维地壳上地幔 S 波速度结构及其地
　　震成因的探讨. 地球物理学报，43（3）：356-364.

刘启元，李顺成，沈杨，等. 1997. 延怀盆地及其临区地壳上地幔速度结构的宽频带地震台
　　阵研究. 地球物理学报，40（6）：763-771.

刘泽民，黄显良，倪红玉，等. 2015. 2014 年 4 月 20 日霍山 M_s4.3 地震发震构造研究. 地震
　　学报，37（3）：402-410.

楼海，王椿镛，皇甫岗，等. 2002. 云南腾冲火山区上部地壳三维地震速度层析成像. 地质
　　学报，24（3）：243-251.

卢造勋，蒋秀琴，潘科，等. 2002. 中朝地台东北缘地区的地幔层析成像. 地球物理学报，45
　　（3）：338-352.

马力，陈焕疆，甘克文，等. 2004. 中国南方大地构造和海相油气地质（上）. 北京：地质出
　　版社.

缪鹏，王行舟，洪德全，等. 2012. "霍山震情窗"动力学背景及预测意义分析. 中国地震，
　　28（3）：294-303.

裴顺平，许忠淮，汪素云. 2002. 新疆及邻区 Pn 速度层析成像. 地球物理学报，45（20）：
　　218-225.

裴顺平. 2002. 中国大陆上地幔顶部体波速度层析成像. 中国地震局地球物理研究所博士学
　　位论文.

彭自正，赵爱平，胡翠娥，等. 2002. 基于 GIS 的江西活动断裂分布与地震活动关系研究. 华
　　南地震，22（4）：9-18.

钱存超. 2006. 大别造山带南缘构造带构造几何学特征与形成演化. 西北大学博士学位论文.

庆梅，李敏莉. 1999. 霍山窗与华东中强地震关系研究. 地震学刊，2：1-9.

任纪舜，陈廷愚，刘志刚，等. 1984. 中国东部构造单元划分的几个问题. 地质论评，

30 (4)：382-385.

孙若昧, 刘福田, 刘建华. 1991. 四川地区的地震层析成像. 地球物理学报, 34 (6)：708-716.

汤加富, 荆延仁, 候明金, 等. 1995. 安徽大别山-张八岭地区新的构造格局与非板块碰撞造山过程. 安徽地质, 5 (3)：1-12.

汤加富, 王希明, 刘芳宇, 等. 1991. 武功山变质岩区构造变形与地质填图. 北京：中国地质大学出版社.

滕吉文, 胡家富, 张中杰, 等. 2000. 大别造山带的深层动力过程与超高压变质带的形成机制. 地震研究, 23 (3)：275-288.

汪素云, 裴顺平, 胥广银, 等. 2013. 蒙古及邻区上地幔顶部 Pn 速度结构. 地球物理学报, 56 (12)：4106 -4112.

王洪涛, 曾建民. 2007. 江西九江 (瑞昌) 5.7 级地震的地震地质构造环境与发震构造之研究. 福建地震, 23 (1)：2-29.

吴庆举, 田小波, 张乃铃, 等. 2003. 用 Wiener 滤波方法提取台站接收函数. 中国地震, 19 (1)：41-47.

吴庆举, 李永华, 张瑞青, 等. 2007. 用多道反褶积方法测定台站接收函数. 地球物理学报, 50 (3)：791-796.

吴庆举, 曾融生. 1998. 用宽频带远震接收函数研究青藏高原的地壳结构. 地球物理学报, 41 (5)：669-679.

吴跃东, 江来利, 储东如, 等. 2003. 大别山造山带与安徽沿江中新生代盆地的盆山耦合关系. 中国地质, 33 (3)：286-292.

胥颐, 刘福田, 刘建华, 等. 2000. 天山地震带的地壳结构与强震构造环境. 地球物理学报, 43 (2)：189-193.

徐佩芬, 刘福田, 王清晨, 等. 2000. 大别—苏鲁碰撞造山带的地震层析成像研究-岩石圈三维速度结构. 地球物理学报, 43 (3)：377-385.

徐曦, 高顺莉. 2015. 下扬子区新生代断陷盆地的构造与形成. 地学前缘, 22 (6)：148-166.

薛光琦, 钱辉, 姜枚. 2005. 青藏高原西缘上地幔构造特征：穿越西昆仑造山带的接收函数反演. 地质论评, 51 (6)：708-712.

杨明桂, 王昆. 1994. 江西省地质构架及地壳演化. 江西地质, 8 (4)：239-251.

杨文采, 瞿辰, 于长青. 2009. 华北克拉通泊松比与地壳厚度的关系及其他大地构造意义. 地质学报, 83 (3)：324-330.

姚大全, 刘加灿. 2015. 华北活动地块区南缘阜南-霍邱地区地壳活动习性初探. 中国地震, 21 (2)：216-223

叶卓, 李秋生, 高锐, 等. 2013. 中国大陆东南缘地震接收函数与地壳和上地幔结构. 地球物理学报, 56 (9)：2947-2958.

张杰, 沈小七, 王行舟, 等. 2005. 利用层析成像的结果探讨安徽及领区中强地震深部构造背景. 中国地震, 21 (3): 350-359.

张鹏飞. 2009. 中扬子地区古生代构造古地理格局及其演化. 中国石油大学 (华东) 博士学位论文.

张元生, 周民都, 荣代潞, 等. 2004. 祁连山中东段三维速度结构研究. 地震学报, 26 (3): 247-255.

赵永贵, 刘建华. 1992. 地震层析地质解释原理及其在滇西深部构造研究中的应用. 地质科学, 2: 105-113.

周荔青. 2005. 深大断裂与中国东部新生代盆地油气资源分布. 西北大学博士学位论文.

周民都, 张元生, 石雅镠, 等. 2006. 青藏高原东北缘地壳三维速度结构. 地球物理学进展, 21 (1): 127-134.

朱露培, 曾融生, 刘福田. 1990. 京津唐张地区地壳上地幔三维 P 波速度结构. 地球物理学报, 33 (3): 267-277.

Aki K. 1957. Phase velocity of Love waves in Japan, part 1 Love waves from the Aleutian shock of March. Bull. Earthquake Res. , 41: 243-259.

Aki K, Lee W H K. 1976. Determination of three-dimensional velocity anomalies under a seismic array using first P arrival times from local earthquakes: 1. A homogeneous initial model. Journal of Geophysical Research, 81 (23): 4381-4399.

Aki K, Christoffersson A, Husebye E S. 1976. Three-dimensional seismic structure of the lithosphere under Montana LASA. Bulletin of the Seismological Society of America, 66: 501-524.

Aki K, Christoffersson A, Husebye E S. 1977. Determination of the three- dimensional seismic structure of the lithosphere. Journal of Geophysical Research, 82 (2): 277-296.

Ammon C J. 1991. The isolation of receiver effects from teleseismic P wave-forms. Bulletin of the Seismological Society of America, 81: 2504-2510.

Andersion D L. 1984. Seismic tomography of the Earth's interior. American scientist, 172: 345-359.

Backus G E, Gilbert J F. 1967. Numerical application of a formalism for geophysical inverse problems. Geophysical Journal of the Royal Astronomical Society, 13: 247-276.

Backus G E, Gilbert J F. 1970 Uniqueness in the Inversion of Inaccurate Gross Earth Data. Philosophical Transactions of the Royal Society of London, 266 (1173): 123-192.

Backus GE, Gilbert J F. 1968. The Resolving Power of Gross Earth Data. Geophysical Journal of the Royal Astronomical Society, 16 (2): 169-205.

Burdick L J. 1977. Langston C. A. Modeling crustal structure through the use of converted phase in teleseismic body-wave forms. Bulletin of the Seismological Society of America, 67: 677-691.

Cassidy J F. 1992. Numerical experiments in broadband receiver function analysis. Bulletin of the Seismological Society of America, 82: 1453-1474.

Dines K A, Lytle R J. 1979. Computerized geophysical tomography. IEEE Proceedings, 67: 1065-1073.

Dziewonski A M. 1984. Mapping the lower mantle: determination of lateral heterogeneity in P velocity up to degree and order. Journal of Geophysical Research, 89: 5929-5952.

Dziewonski A M, Hager B, Oconnell R. 2012. Large-scale heterogeneities in the lower mantle. Journal of Geophysical Research, 82 (2): 239-255.

Farra V, Vinnik L. 2010. Upper mantle stratification by P and S receiver functions. Geophysical Journal of the Royal Astronomical Society, 141 (3): 699-712.

Gurrola H, Minster J B. 1995. The use of velocity spetrum for stacking receiver functions and imaging upper mantle discontinuities. Geophys. J. Int., 117: 427-440.

Hammer P T C, Dorman L R M, Hildebrand J A, et al. 1994. Jasper Seamount structure: Seafloor seismic refraction tomography. Journal of Geophysical Research Solid Earth, 99 (B4): 6731-6752.

Hearn T M. 1996. Anisotropic Pn tomography in the western United States. Journal of Geophysical Research, 101 (B4): 8403-8414.

Hearn T M, Beghoul N, Barazangi M. 1991. Tomography of the western United States from regional arrival times. Journal of Geophysical Research, 96 (B10): 16369-16381

Helmberger D, Wiggins R. 1971. Upper mantle structure of the Midwestern United States. Journal of Geophysical Research, 76: 3229-3245.

Humphreys E, Clsyton R. 1988. Adaptation of back projection tomography to seismic travel time problems. Journal of Geophysical Research, 93: 1073-1086.

Ji S C, Wang W C, Salisbury M H. 2009. Composition and tectonic evolution of the Chinese continental crust constrained by Poisson's ratio. Tectonophysics, 463 (1-4): 15-30.

Kanda Y. 1973. Well- to- well Seismic Measurements. Journal of the Japan Society of Engineering Geology, 14 (4): 159-168.

Koch M. 1985. A numerical study on the determination of the 3-D structure of the lithosphere by linear and non- linear inversion ofteleseismic travel times. Geophysical Journal International, 80 (1): 73-93.

Langston C A. 1979. Structure under Mount Rainier, Washington, inferred from teleseismic body waves. Journal of Geophysical Research Solid Earth, 84 (B9): 4749-4762.

Ligorria J P, Ammon C. J. 1999. Iteractive deconvolution and receiver function estimation. Bull Seismol. Soc. Am. 89 (5): 1395-1400.

Norman A. 1960. Crustal reflection of plane SH waves. Journal of Geophysical Research, 65 (12): 4147-4150.

Owens T J, Zandt G, Taylor S R. 1984. Seismic evidence for an ancient rift beneath the Cumberland Plateau, Tennessee: A detailed analysis of broadband teleseismic P, waveforms. Journal of

Geophysical Research Solid Earth, 89 (B9): 7783-7795.

Paige C C, Saunders M A. 1982. LSQR: An algorithm for sparse linear equations and sparse linear system. ACM, 8: 43-71.

Pei S P, John Chen. 2012. Link between Seismic Velocity Structure and the 2010 Ms 7. 1 Yushu Earthquake, Qinghai, China: Evidence from Aftershock Tomography. Bulletin of the Seismological Society of America, 102 (1): 445-450.

Phinney R A. 1964. Structure of the Earth's crust from spectral behavior of long- period body waves. Journal of Geophysical Research, 69 (14): 2997-3017.

Sonder L J, England P C. 1989. Effect of temperature dependent rheology on large-scale continental extension. Journal of Geophysical Research, 94 (B6): 7603-7619.

Thurber C H. 1983. Earthquake locations and three- dimensional crystal structure in the Coyote lake area, central California. Journal of Geophysical Research, 88 (B10): 8226-8236.

Toomey D R, Solomon S C, Purdy G M. 1994. Tomographic imaging of the shallow crustal structure of the East Pacific Rise at 9° 30′ N. J. Journal of Geophysical Research Solid Earth, 99 (B12): 24135-24157.

Yuan X, Ni J, Kind R, et al. 1997. Lithospheric and upper mantle structure of southern Tibet form a seismological passive source experiment. Journal of Geophysical Research, 102 (B12): 27491-27500.

Yuan X, Sobolev S V, Kind R, et al. 2000. Subduction and collision processes in the Central andes-constrained by converted seismic phases. Natrue, 408: 958-961.

Zhang H J, Clifford H T. 2003. Double- difference tomography: the method and its application to the Hayward fault, California. Bulletin of the Seismological Society of America, 93 (5): 1875-1889.

Zhao D, Hasegawa A, Kanamori H. 1994. Deep structure of Japan subduction zone as derived from local, regional, and teleseismic events. Journal of Geophysical Research Solid Earth, 99 (B11): 22313-22329.

ZhuL P, Kanamori H. 2000. Moho depth variation in southern California from teleseismic receiver functions. Journal of Geophysical Reaearch, 105 (2): 2969-2980.

ZhuL P 2000. Crustal Structure across the San Andreas Fault, Southern California from Teleseismic Converted Waves. Earth and Planetary Science Letters, 179: 183-190.

ZhuL P. 2002, Deformation in the lower crust and downward extent of the San Andreas Fault as revealed by teleseismic waveforms. Earth Planets Space, 54 (11): 1005-1010.